Do Polar Bears Get Lonely?

礦泉水
為什麼
會過期
？

《新科學家》週刊——策畫
陸維濃——譯

New Scientist

Chapter 1 你想過嗎？吃喝的奧義

Q001 啤酒的瓶蓋為什麼都是二十一褶？／Q002 為什麼早上吃蛋和穀類不會飽／Q003 食物有可能不含 DNA 嗎？／Q004 為什麼冰了一晚的熟餡料會變黑？／Q005 礦泉水為什麼會過期？／Q006 為什麼食物放涼以後味道就變了？／Q007 為什麼會有「蛋中蛋」？／Q008 為什麼粉紅色卡士達粉加水就會變成黃色？／Q009 為什麼碳酸飲料消氣後就不好喝了？／Q010 為什麼巧克力球表面這麼光滑？／Q011 養活四口之家需要多大的土地？／Q012 為什麼紅酒越陳酒色越淡，白酒卻相反？／Q013 為什麼吃萵苣或馬鈴薯嘴巴不像吃大蒜那樣臭？／Q014 為什麼和方糖放在一起的起司不會長黴菌呢？／Q015 為什麼黴菌會以同心圓的排列方式生長？／Q016 為什麼分次倒啤酒酒沫消得比較慢？／Q017 為什麼鍋裡的醬汁會噴出來？

Chapter 2 你發現了嗎？居家科學

Q018 為什麼牛奶盒會脹起來？／Q019 彩色牙膏是怎麼製造出來的？／Q020 塑膠袋為什麼能解決刷卡不過的問題？／Q021 冰箱的溫度到底該怎麼調整？／Q022 倒放很久的玻璃杯會什麼會黏住？／Q023 為什麼可以用仙女棒在空中寫字呢？／Q024 鐵釘為什麼會被磁鐵吸走？／Q025 如何校正水平儀？

Chapter 3 你知道嗎？人體的秘密

Q026 萬不得已要吃自己的時候，吃哪部位好呢？／Q027 為什麼能看見眼睛裡的血管？／Q028 為什麼吃飽飯後不能游泳？／Q029 為什麼人體的細胞會聚集在一起？／Q030 為什麼不會有同時被碰兩次的感覺呢？／Q031 為什麼有時候手腳會刺刺麻麻的？／Q032 死

人會長頭髮和指甲嗎？／ **Q**033 如果中了讓心跳停止的毒，心律調節器能保命嗎？／ **Q**034 為什麼躺在床上睡不著，一坐上車就打呼？／ **Q**035 為什麼我們的胃能消化牛的胃？／ **Q**036 換血手術有可能誤導 DNA 檢驗嗎？／ **Q**037 為什麼肚子附近的水溫比較低？／ **Q**038 為什麼喝了配方奶的嬰兒大便比較臭？／ **Q**039 身材勻稱的人爬山會消耗比較少熱量嗎？／ **Q**040 換血可以讓人永保青春嗎？／ **Q**041 為什麼跑完步才會開始大量冒汗？／ **Q**042 為什麼人類保有殘忍的特質？／ **Q**043 除了膀胱，人體還有哪個部位可以儲存液體？／ **Q**044 折手指關節有害嗎？／ **Q**045 有判定活人實際年齡的方法嗎？／ **Q**046 為什麼有左撇子跟右撇子？／ **Q**047 為什麼年紀越大越容易胖，減肥也更難？

Chapter 4 你還好嗎？我們的感覺

Q048 感冒時能擤出多少鼻涕？／ **Q**049 錢真的很髒嗎？／ **Q**050 為什麼蚊子會挑人叮？／ **Q**051 為什麼傷口會留疤呢？／ **Q**052 有沒有讓人長壽的病毒？／ **Q**053 為什麼尿尿在腳上可以治香港腳？／ **Q**054 為什麼熱敷有消腫止癢的功效？

Chapter 5 你注意到了嗎？植物和動物

Q055 昆蟲會變胖嗎？／ **Q**056 魚會口渴嗎？／ **Q**057 貓為什麼不喜歡游泳？／ **Q**058 為什麼植物的花朵晚上會閉合？／ **Q**059 一頭牛的奶要多久才能注滿大峽谷呢？／ **Q**060 為什麼我們很少看到鳥的屍體？／ **Q**061 狗知道自己是狗嗎？／ **Q**062 為什麼夜行性的蛾會有趨光性？／ **Q**063 鴿子會流汗嗎？／ **Q**064 要多少隻倉鼠才能發電？／ **Q**065 蜘蛛會喝水嗎？／ **Q**066 在蛹裡的昆蟲還活著嗎？／ **Q**067 甲蟲為什麼會被植物的刺刺穿？／ **Q**068 昆蟲的飛行路徑為什麼這麼亂？／ **Q**069 大象會打噴嚏嗎？／ **Q**070 月亮的陰晴圓缺會影響多肉植物開花嗎？／ **Q**071 馬會暈車嗎？／ **Q**072 為什麼動物會舔傷口？／ **Q**073 為什麼梨子是梨子、蘋果是蘋果？／ **Q**074 狗喘氣散熱怎麼不會換氣過度呢？／ **Q**075 北極熊會寂寞嗎？

Chapter 6 你觀察到了嗎？地球和太陽系

Q[076]不同緯度地區海平面上升的高度會一樣嗎？／Q[077]讓地球停止轉動需要多大的力？／Q[078]為何冰河消失後河流會乾涸？／Q[079]撒哈拉沙漠的沙子有多厚？／Q[080]太陽雜訊真的會讓人耳聾嗎？／Q[081]如果把海上的船隻都移走，海平面會下降多少？／Q[082]跳傘的最大限高是多少？／Q[083]為什麼漂在海上的沙影子邊緣是明亮的呢？／Q[084]把氦氣氣球放到太空會怎樣呢？

Chapter 7 你覺得煩悶嗎？擾人的交通問題

Q[085]電視劇裡的飛車特技是真的嗎？／Q[086]加勒比海上的椰子要多久才能漂到蘇格蘭西岸？／Q[087]安全氣囊的封蓋跑去哪了？／Q[088]如何在靜止的腳踏車上保持平衡？／Q[089]為什麼衛星發出的光會熄滅？／Q[090]開車時是開窗還是開空調比較節能？／Q[091]車子後面掛鐵鍊真的可以預防暈車嗎？

Chapter 8 你也這樣覺得嗎？詭異的天氣

Q[092]雪花獨特又對稱的六角形結構是怎麼來的？／Q[093]下雨時車內玻璃為什麼會起霧？／Q[094]為什麼想吐時去涼爽的地方就會好多了？／Q[095]最大的雨滴有多大？

Chapter 9 包山包海綜合提問

Q[096]超過橋梁載重量的卡車能過得了橋嗎？／Q[097]關在鏡子箱裡的光能跑多久？／Q[098]為什麼電視播的畫面和親眼看的有落差呢？／Q[099]隨機選號真的比較容易中樂透嗎？／Q[100]怎樣才能減低電擊槍的威力呢？／Q[101]潛進水裡真的能躲過子彈嗎？／Q[102]我到底有多少個祖先？

tents

Chapter

0

前言

打賭你一定從沒想過這個問題：買樂透彩券時到底是什麼左右了你選數字？現在，我們可以告訴你：「其實，你知道是什麼影響了你。」怎樣，迫不急待想要知道為什麼了吧？如果你覺得丈二金剛摸不著頭腦，那麼請翻閱第二百七十三頁。另外，你有沒有想過這件事：如果往前追溯三十個世代，光是你的先人就比曾經出現在地球上的總人數還多。覺得吃驚嗎？心裡是不是正在碎唸：「怎麼可能？」翻到第二百八十三頁，看看這個邏輯哪裡有瑕疵吧！另外，如果為了求生存，要你吃點人肉……翻開第七十三頁吧！，只怕你可能不太喜歡我們的建議。請認真思考一下：就連「我們」也不喜歡自己的建議……

二十多年來，《新科學家》週刊的讀者不斷在「最後一問」（The Last Word）專欄提供出人意料的知識。現在，我們明白了起司為什麼會「牽絲」，也知道北極時間現在是幾點？還曉得怎麼秤自己腦袋的重量，更搞懂了為什麼企鵝的腳不會結冰。在這些問答過程中，我們還破解了幾個廣為流傳的謠言——翻開第八十六頁，看看人死後指甲和頭髮是不是會繼續變長吧！另外，我們也勇於承認自己的錯誤，請翻開第六十一頁，看看幾個破裂的玻璃杯是怎麼狠狠打了我們的臉。

這一切都是科學研究的歷程：先提出一個假設，反覆推

敲一會兒，做幾個實驗，經過仔細的驗證，最後否認／接受得到的結果。從現有的證據推論答案，再獲得其他讀者的支持或反對，我們的讀者就跟所有偉大的科學家一樣，而這，也正是「最後一問」專欄，以及這本書迷人的地方。

不論在週刊上或是在網站上，「最後一問」專欄的讀者都無私地回答著世界上最古怪的問題。我們始終張開雙臂歡迎更多朋友加入，只要買一本我們的週刊，或是造訪我們的網站（www.newscientist.com/lastword），你就可以提出自己的疑問、回答別人提出的新問題（甚至可以否定之前讀者的答案），還可以加入我們的論壇、瀏覽我們的部落格，或者單純只是貢獻你的知識，回答生活中令人吃驚的問題。來吧！說不定下一個智多星就是你！

在你享受閱讀這本書的樂趣時，應該會發現我們特別關注口渴這個問題——翻開「你注意到了嗎？植物和動物」這一章，你就能知道究竟魚、海豚或蜘蛛會不會口渴？同時也能滿足你對科學世界大小事的求知渴望。

米克·歐海爾（Mick O'Hare）

感謝傑瑞米·韋伯（Jeremy Webb）、露西·達德威爾（Lucy Dodwell）、伊凡·賽曼紐克（Ivan Semeniuk）、《新科學家》週刊的製作、subbing、美術、網路、印刷和行銷團隊、詹姆斯·金士蘭（James Kingsland）、弗萊澤·哈達森（Frazer Hudson）、保羅·佛提（Paul Forty）及安德魯·法蘭克林（Andrew Franklin），以及《Profile Books》出版社的

多位同仁，感謝他們為了出版這本書付出的努力。特別感謝莎莉（Sally）和湯瑪士（Thomas），感謝他們在我寫這本書及其先作時所付出的努力。最後，祝班．亞瑟（Ben Usher）旅途愉快……

Chapter

1

你想過嗎？吃喝的奧義

Q^{001} | 啤酒的瓶蓋為什麼都是二十一褶？

為什麼啤酒罐的金屬瓶蓋邊緣都是二十一褶？雖然不敢說全世界的啤酒都這樣，但我喝過的啤酒不計其數，至少它們的瓶蓋都有二十一褶。

沃克・索默（Volker Sommer）

來自德國，俾勒非德

關於這個問題，我們提供以下三個解釋，不過依然等待對瓶蓋著迷的高手（應該不在少數）來釐清這個問題。

———認為「一褶一世界、一蓋一宇宙」的編輯

A:

幾乎所有金屬瓶蓋的製作程序，都按照國際通用的德國標準DIN6009，以確保所有瓶蓋都是一樣的。這項標準還規範了瓶頸的直徑、瓶蓋扣合處的瓶口形狀、瓶蓋的材質，以及瓶蓋皺褶的形狀。其中一樣規定還要求瓶蓋必須夠圓，才能夠沿著瓶口周長密封，所以就產生了這麼多皺摺（以及瓶蓋周圍的尖

突）。不過瓶蓋同時也得夠堅固，這代表著必須縮減皺摺數，讓每個皺褶有比較大的軸承表面。為了兼顧國際通用標準的規範和瓶蓋的功能，二十一褶是最好的折衷數字，至於為什麼不是二十或二十二，只能說，因為他們就選了二十一。

杭福瑞斯（S. Humphreys）

來自英國薩里，奧斯提德

■♻■♻■♻

　　金屬瓶蓋的發明人威廉‧潘特（William Painter）經過一連串反覆試驗，發現想要密封碳酸飲料的瓶口，最理想的金屬瓶蓋褶數是二十四褶，他還為此申請了專利，而二十四褶的金屬瓶蓋也沿用了好些年。一九三〇年左右，成本較便宜的鍍錫鐵皮出現。這種新型態的瓶蓋如果也是二十四褶，就無法申請專利，為了避免侵犯原有的專利，於是新瓶蓋的褶數就改為二十一褶。要保有密封效果，瓶蓋最少需要二十一褶，這也是目前全世界通用的褶數。

凱川‧杜萊沙米（Chitran Duraisamy）

來自澳洲新南威爾斯

■♻■♻■♻

　　潘特在一八九二年二月二日為冠狀瓶蓋申請了專利（美國專利編號四六八二五八）。原本的冠狀瓶蓋有二十四褶，瓶蓋下面還有用紙包覆的軟木塞一枚，阻止瓶內的液體接觸金屬瓶蓋。

不過，現今我們使用的冠狀瓶蓋都是二十一褶。

二十四褶是因應以前一種用腳操作的按壓機而生，這種按壓機可以把二十四褶的瓶蓋一個一個安裝到瓶口上，但是自動化機械設備出現以後，二十四褶會使料管阻塞。後來人們發現只要把褶數改爲奇數就可以解決這問題，不過，二十三褶瓶蓋的密封性比二十一褶差，所以最後就選用了二十一褶。

一九六〇年代設立的德國標準DIN6009，還減低了冠狀瓶蓋的高度，造就了扭旋冠狀瓶蓋在美國大爲風行。

巴瑞・潘特（Barry Painter）

來自德國

Q⁰⁰² | 為什麼早上吃蛋和穀類不會飽？

多數我認識的注重健康的朋友，都吃穀類或水果當早餐。這樣的早餐含有複合性的碳水化合物，可以長時間維持體力。只是，身爲一個園丁，我的工作非常耗體力，如果我早餐只吃這樣，早上十點就已經餓扁了，但如果我早餐吃了蛋，就可以撐到中午。顯然，我需要蛋白質，但是蛋白質應該不是體力的來源，爲什麼會增強我的體力呢？這種情形很常見嗎？

史蒂夫・洛（Steve Law）

來自英國西索塞克斯，京斯頓

A:

　　早餐喜歡吃蛋這件事，可能要追溯到你那些過著狩獵採集生活的老祖宗身上。人類演化的過程中，我們的身體已經適應了歷史上最普及的飲食方式——狩獵採集。這種飲食方式主要以瘦肉和蔬果為食。穀類則是到了相對後期，才成為人類的食物。一直要到一萬年前發生了農業革命之後，穀類才在人類的餐桌上找到一席之地。

　　有人認為農業時期之前的人類飲食方式，才是保持身體健康的王道，因為能量產生得更有效率，同時又能控制食慾。這種飲食方式的特色之一就是「升糖負荷低」（升糖負荷：將食物中的碳水化合物轉換為葡萄糖的重量的計算方式），人體在消化這類食物時，葡萄糖會慢慢釋放進入血液。除此之外，相較於現代人的飲食，這種古老的飲食方式還有另一項特色：精益蛋白質的含量較高。你說的蛋就具備了以上兩種特點，而以穀類和水果當早餐，會造成身體有較高的升糖負荷，蛋白質含量也低。

　　血糖急遽降低的時候食慾就會增加，而升糖負荷低的飲食可以穩定體內的血糖濃度。此外，蛋含有的蛋白質是膽囊收縮素的強烈誘導物；膽囊收縮素是一種由腸道分泌的荷爾蒙，會帶來飽足感。總而言之，我們的飲食中能提供體力的不單只有碳水化合物。

　　早餐裡的蛋含有脂肪，脂肪能提供的能量幾乎是碳水化合物的兩倍，不過釋放能量的速度比較慢而已。

班傑明・布朗（Benjamin Brown）

來自澳洲昆士蘭，健康世界技術主任

Q^{003} | 食物有可能不含DNA嗎？

動物和植物來自相同的遺傳共祖，所以不願意殺生吃肉的素食主義者，也許該拒吃所有含DNA的食物。這方法可行嗎？誰能開個菜單來讓我們瞧瞧？

理查·瓦德（Richard Ward）
來自英國薩弗克

A:

我還不知道有哪種生物沒有DNA，就算你要吃的是生物組織或細胞培養基也一樣。如果你試著吃RNA病毒，還是需要經過細胞培養的步驟，而想要讓細胞活著，通常就得用上動物的血清。於是，雖然你吃下的東西不含DNA，但是在製作食物的過程中，你還是用了死亡的動物。

說到這，我腦中突然閃出一個作弊的方法——吃紅血球。許多物種成熟的紅血球沒有細胞核和粒線體，人類也包含在內，這是為了容納更多血紅素。血紅素是一種會和鐵結合，可以攜帶氧氣的蛋白質。因為細胞的DNA都儲存在細胞核和粒線體裡面，因此可以說，在不殺害動物的前提下，喝牠們的血是終極的純素飲食。不過你得先把白血球過濾出來，因為白血球裡還是含有許多DNA，至於血液剩餘的其他部分就沒有問題了。

喝血可以提供我們蛋白質、一些糖類和維生素，不過，可

能會攝取過量的鐵。

　　雖然喝血聽起來讓人沒什麼胃口，但血完完全全是生物自行合成的食物。另外，生物學家為了取得大量的特定蛋白質或其他生物分子，總是培育許多酵母菌和細菌，我想這些菌種應該足以產生夠多純化的蛋白質、醣類等等物質，應該是不錯的食物來源。至於好不好吃嘛，你就不要太期待，因為這些菌種產生的蛋白質和醣類必須從培養基裡純化出來，變成透明晶亮的粉末。我不知道透過這樣的方法，能不能在不殺死細胞的前提下生產脂肪，不過就算你成功了，得到的可能也是油膩膩或噁心的黏稠物質。而且，為了維續培養基，好讓你繼續生產想要的物質，這時就需要使用抗生素來殺死造成汙染的微生物，那就又違反了素食主義的道德精神。

　　許多維生素，或者說幾乎所有維生素和其他營養物質，只要你願意花錢、花時間，都可以透過類似的方式來合成。人體所需的各種礦物質，像是鐵、銅、鋅、碘等等，只要找到厲害的合成化學家應該就能搞定。當然，你也可以喝牛奶就好，牛奶混合了分泌性蛋白、脂肪、糖類，幾乎包含各種維生所需的物質。雖然牛奶可能含有牛體內的細胞，不過你可以用離心的方式濾掉。

克里斯多佛・賓尼（Christopher Binny）

email來信解答，地址未提供

■👍■👍■👍

　　我唯一能想到的食物就是一盤用純化澱粉製成，用特選純化脂肪煎過，用鹽和醋調味過的薄硬餅，抹上一層烤過的反轉

錄病毒（大部分病毒的遺傳資訊存在DNA上，但反轉錄病毒的遺傳資訊則在RNA上。它們擁有反轉錄酶，可以先把RNA反轉錄成DNA，再進行複製）。甜點的部分，你可以試試雪酪（將新鮮水果冷凍後磨成冰沙製成），用純化糖、蜂蜜或糖漿增加甜味，加一點檸檬酸提味，再加入維生素、微量元素，並用精油添加風味。最後搭配任何烈酒、紅酒或濾掉酵母菌的啤酒，一口氣喝下肚。

布萊恩．葛洛佛（Bryn Glover）

來自英國北約克郡，克拉科伊

■👍■👍■👍

　　我在美國德州休士頓（Houston, Texas）強森太空中心的牆面找到以下資訊：「一立方公尺的月球土壤含有相當於一個乳酪漢堡、一份炸薯條和一杯汽水的營養物質。」吃下去保證不含DNA，不過要價可能有點貴。

葛拉漢．科爾（Graham Kerr）

來自英國，格拉斯哥

■👍■👍■👍

　　幾年前我也想過這個問題，並在一本烹飪書裡發表了我的結論，你可以去看看。

諾曼．帕特森（Norman Paterson）

來自英國伐夫，安斯特拉色

手邊沒有帕特森食譜的大家，先別激動，且讓我在這邊幫大家開開胃口，以下提供一道網友提供的諾曼‧帕特森書中的食譜。

——以前每到下午四點肚子就開始飆高音唱歌的編輯

四份孔雀石漢堡的食譜如下：

‧四片板岩

‧一公斤孔雀石

把板岩切成兩半，拿榔頭敲碎孔雀石。把孔雀石碎片平均分配鋪在四片板岩上，再把另外四片板岩蓋在孔雀石上。用攝氏一千兩百度的高溫烤十二小時，這時，孔雀石應該已經變成美麗的綠色泡泡，冷卻即可食用。這道餐點是野餐良伴，口感又乾又沙，還可以存放一世紀之久！

■◊■◊■◊

多數以道德觀點出發的素食主義者，反對的是殺生這件事。他們反對先麻醉再殺害動物，也反對用不人道的方式對待動物，他們擔心的並不是動植物DNA很相近，吃起來可能會有問題這件事情。素食主義者之所以不反對吃植物或真菌，是因為這些生物並沒有中央神經系統，所以不會覺得痛。

瑟利文‧費茲派翠克（Ceridwen Fitzpatrick）

來自西澳，伯斯

如果所有動植物的DNA譜系都相同，那也許我們全都稱得上是素食主義者了。又如果我們全都算是植物的話，那這個世界就充斥著同類相食的悲劇。

又或者，也許素食主義者可以吃了自己的鄰居，而不用覺得罪惡。以「共同的DNA」這個邏輯來說，吃蘿蔔就跟同類相食沒有兩樣。要解決這樣進退兩難的困境，可能只有一個方法，就是各種生物只能以無生命的礦物質和營養物質維生。然而，除了人類以外，我們恐怕無法限制其他動物。

布萊恩・法康納（Brain Falconer）

來自英國，阿伯丁

Q^{004} | 為什麼冰了一晚的熟餡料會變黑？

我煮了些禽肉餡料，放在碗裡，碗口以鋁箔蓋好，擱進冰箱放一夜。隔天早上我發現凡是跟餡料有接觸的鋁箔全都破了洞，每個洞下方的餡料也被染成黑色。如果碗裡放的是生的、還沒煮過的餡料，就不會發生這種情形，而且不管餡料是塞在鳥肚子裡一起煮，或者是分開煮都一樣，都會變黑。這是怎麼回事？那些被染黑的地方有毒嗎？

安德魯・史提勒（Andrew Stiller）

來自美國賓州，費城

A：

　　鋁箔的表面有一層極細且不易溶解的氧化層，所以鋁箔製的餐具很容易著火。幸好，這一點通常不會造成大問題。一般而言，當鋁箔和空氣中或水中的氧氣反應時，氧化層就會立刻斷裂，不過反應不大；如果氧化層被汞、強鹼或酸性物質溶解，露出下方金屬時，反應就會變得很劇烈。所以，雖然使用鋁製餐具和鋁箔沒有安全疑慮，但務必記得讓這些物品遠離強鹼溶液，像是氫氧化鈉；沒有要烹飪的時候，也不要用來盛裝液體。

　　因為濕且含有油脂的物質，會形成脂溶性的清潔劑，穿透鋁箔表面細微氧化層的裂縫、隔絕空氣，重新形成密封狀態，並且會腐蝕鋁箔表面，溶出小洞。不過如果飄浮在食物表面的油脂覆滿金屬表面，隔絕了液體和鋁箔，那麼用鋁箔容器盛裝的冷雞湯，就算隔夜也能喝。

　　出現黑色汙點主要是因為鋁中含有微量的鐵，這些鐵被溶了出來。雖然不會致命，但是含有大量金屬的食物最好還是不要吃，畢竟食物的味道也已經被破壞了。含有脂肪或酸性的食物，如果需要長時間保存，最好還是用保鮮膜包覆。

瓊・瑞奇菲爾德（Jon Richfield）

來自南非，西薩莫塞特

Q⁰⁰⁵ | 礦泉水為什麼會過期？

我家附近商店賣的礦泉水，瓶身上的標籤註明瓶中的水來自已經有三千年歷史的水源，卻還是有「保存期限」，到期時間是兩年後。如果這泉水已經有三千年的歷史，那重新裝進密封罐保存就沒有意義了吧？

路易士・史密斯（Lewis Smith）

來自英國格拉摩干

A:

礦泉水流經許多岩層，每一層都有不同效用。據說有些溶解在水裡的礦物質，可以改變水喝起來的口感，而且對健康也有好處，所以大家趨之若鶩。

岩石上面的小孔洞作用就像過濾系統，可以濾掉生物汙染物這類的大型分子。所謂的保存期限，是礦泉水商認為礦泉水在離開裝瓶工廠的無菌環境之後，能夠維持無污染物狀態的時間。

如果礦泉水裝在塑膠瓶裡，那麼保存期限可能是以「塑膠組成成分多久會受汙染」的時間來訂定。塑膠受汙染後，會連帶影響水的味道。

約翰・湯普森（John Thompson）

來自英國，倫敦

■👍👍■👍

　　瓶裝礦泉水之所以會有保存期限，不是礦泉水有保存期限，而是裝礦泉水的容器有保存期限。多數礦泉水或泉水都是以聚對酞酸乙二酯瓶來包裝，水瓶製造的過程中，可能會有含銻的微量催化劑或塑化劑殘留在瓶身中，隨著時間過去，這些物質會逐漸從瓶身滲出，溶到水中。

　　所以說，為了避免這種狀況，最好使用禁得起時間考驗的玻璃瓶。

羅伯‧大衛斯（Rob Davids）

來自澳洲新南威爾斯，聖艾夫斯

■♂■♂■♂

　　真正的「純」水不會分解，也不會突然就變質。然而食物或飲料的製造商為了保護自己，必須打上所謂的保存期限。塑膠瓶放置過久，塑膠有可能分解、封條可能降解，就會讓細菌趁隙而入，汙染了瓶中水。

　　說到有三千年歷史的泉水，其實我們喝的水，可能已經以水分子的形態存在了幾百萬年之久。水的重點在於純度，而不在於年份，擁有三千年歷史的地下水層可能已經濾去了所有的有機質，但水中還是有可能溶有對人體有害的化學物質，像是砷。

賽門‧艾佛森（Simon Iveson）

來自澳洲新南威爾斯，梅非

Q⁰⁰⁶ | 為什麼食物放涼以後味道就變了？

為什麼烹煮過的食物放涼之後，嚐起來的味道跟熱騰騰的時候不一樣？

艾倫・帕森（Alan Parson）

來自英國倫敦

A:

　　煮熟的固體食物並不是一種固定的物質，而且在被吃下肚之前都不斷變動著，所以無論你是太早吃，或是太晚吃，只要錯過了食物最好吃的時候，就是一種罪過。

　　烹煮和冷卻的過程，會造成食物各種組成物質不同的變化，影響食物的組成和風味。前一晚的剩菜已經經歷了各種變化，比如氧化作用；另外，芳香的氣味也已經揮發殆盡。而且在冷卻的過程中，食物也會發生物理變化，像是凝結、脆化或結晶。這些變化可能會影響食物的味道、吃起來的感覺，或者讓食物變得湯湯水水。以上這些變化一但形成，就算重新加熱也很難回復食物原本的狀態，就像煮熟的食物不會因為放涼了，就變成不熟的食物。

　　雖然說冷藏食物通常會變得不好吃，但還是有令人期待的時候，像果凍或冰淇淋就得放涼凝結，有些食物則必須在特定的溫度下料理，才能有特殊的風味。只不過，新鮮熱食

在特定的平衡狀態下，會散發出大量的香氣，這不是重新加熱就能達到的境界。

科林‧科林森（Colin Collinson）

來自英國倫敦

■♨■♨■♨

　　人類舌頭能偵測的食物味道非常有限，因為我們的味蕾只認得五種味道：苦、鹹、酸、甜和鮮。我們所稱的「味道」，其實多半指的是食物的「風味」，要等食物的氣味分子從口腔飄散到鼻腔，再透過鼻腔的嗅覺細胞來辨認。尤其在食物熱騰騰的時候，透過對流作用，氣味分子和水分子在空中自由移動，使我們能更快聞到食物的香氣。

　　食物所含的水分，還有唾液中的水分會溶解氣味分子，能讓味蕾更快接受味道，與此同時，鼻腔也正在接收揮發到空中的氣味分子。跟吃冰冷的食物比起來，感冒鼻塞更能阻止你感受食物的風味，讓你連自己吃的是蘋果還是洋蔥都分不出來。

伊莉莎貝斯‧傑梅爾（Elisabeth Gemell）

來自英國斯特拉思克萊德，貝爾斯登

Q007 | 為什麼會有「蛋中蛋」？

敲開早餐要吃的水煮蛋時，我發現了神奇的事。

那顆蛋並不是雙蛋黃，而是「蛋中蛋」，在大的水煮蛋裡面還有一個完整的蛋──有蛋殼也有蛋黃的小小水煮蛋。誰能解釋一下，這到底是怎麼搞的？

里恩‧史班瑟（Liamj Spencer）

來自英國，約克

A:

蛋中蛋是很罕見的。一般來說，鳥從卵巢釋放出卵子之後，鳥蛋就開始成形；卵子沿著產道往下移動，接著被卵黃和卵白包覆，開始形成外膜，等到被卵殼徹底包覆之後，就準備產出。

偶爾，鳥蛋會沿著產道往回移動，和另一顆準備往下移動的卵子相遇，於是這顆往回移動的鳥蛋便被往下移動的第二顆卵子包覆，跟著第二顆卵，再次經歷卵殼形成的過程，蛋中蛋就這麼出現了。沒有人知道為什麼第一顆鳥蛋會往回移動，不過有一個理論指出，如果母雞突然受到驚嚇，就有可能導致這種情況發生。雞、珠雞、鴨，甚至是鵪鶉，都曾出現蛋中蛋的例子。

順帶一提，要從商店買來的雞蛋找到一顆「蛋中蛋」是難上加難，因為這些蛋在上架之前都要對著光檢查，有異狀的蛋通常不會上架。

艾力克斯‧威廉斯（Alex Williams）

來自英國彭布羅克郡，西哈弗福

　　身為英國自然歷史博物館蛋展的策展人，我是碰過不少奇異的蛋啦！不過和那些神奇的蛋比起來，雙蛋黃的確還算稀有，更常見的有形狀不規則的卵，當然還有提問者指出的「蛋中蛋」。幾百年來，這些現象都吸引著學者的注意力。

　　早在西元一二五○年，博學多聞的多明尼教派修道士阿爾伯特斯‧馬格努斯（Albertus Magnus）就在他的著書《論動物》（De animalibus）裡提到了「蛋中蛋」的現象。到了十七世紀末，威廉‧哈維（William Harvey）、克洛德‧佩羅（Claude Perrault）及約翰‧奧舒茲（Johann Sigismund Elsholtz）這些解剖界的先驅也注意到了一樣的問題。

　　所謂的蛋中蛋，從無卵黃到完整的蛋都有，兩顆都很完整的情況其實真的滿少見的。關於蛋中蛋的起源已經有好幾個相關的理論，然而大家最認同的，應該是鳥禽產道的正常蠕動功能失常，影響了卵往下移動的過程。

　　產道一連串不正常的收縮，可能讓已經發育完成的卵，或是發育到一半的卵沿著產道往回移動，和另一顆正常往下移動的卵相遇，於是往下移動的卵就會包住往回移動的卵。或者，也可能是更簡單的狀況：往回移動的卵在過程中又再形成了另一層蛋白和蛋殼。

　　被包在裡面的卵沒有卵黃的時候，通常我們會在卵的中心發現外來物，它們就像是卵的核心，周圍包覆著卵白和卵殼，跟珍珠形成的過程差不多。

　　任何對這個主題有興趣的人，都應該找亞列西斯‧羅曼奧夫（Alexis Romanoff）和安納絲塔西亞‧羅曼奧夫（Anastasia

Romanoff）所著的《鳥卵》（*The Avian Egg*）一書來看，鎖定第二八六至二九五頁。

道格拉斯・羅素（Douglas Russell）

來自英國赫特福郡，特陵，自然歷史博物館動物系鳥類組策展人

Q⁰⁰⁸ | 為什麼粉紅色卡士達粉加水就會變成黃色？

為什麼粉紅色的卡士達粉加水就會變成黃色？

海瑟・麥克吉/克萊兒・麥克吉（Heather and Claire McGee）

來自英國德比郡，伯帕

A:

卡士達粉通常會用加入酒石黃或喹啉黃等食用色素染色，再加入日落黃。溶在水裡之後，這些色素的顏色還真是名符其實。不過，未溶解的日落黃固體，比較偏向橘紅色，顏色也比較搶眼。

當這些粉末和卡士達其他白色的成份相混，就成了粉蠟筆一樣的橘紅色，或者粉紅色。不管是染劑或色素，許多純著色劑調製出的顏色和原本的顏色是真的差很多。

大衛・侯利（David Holey）

來自紐西蘭

Q⁰⁰⁹ | 為什麼碳酸飲料消氣後就不好喝了？

為什麼檸檬氣泡水、可樂或香檳這些會嘶嘶作響的飲料，氣跑光後就變得沒有吸引力了呢？

歐樂夫・李平斯基（Olaf Lipinski）

來自德國，巴德洪堡

A:

大部分氣泡飲料的製造方式，是利用高壓把二氧化碳注入液體中。在一般大氣壓下，二氧化碳很快就會溶解，高壓可以增加它在液體中的溶解量。二氧化碳溶於飲料時會形成碳酸，飲料嘶嘶作響的口感就是這麼產生的。

很多人以為那種刺激的口感是因為氣泡，其實並不是。原因是飲料裡的氣跑光時，溶解其中的二氧化碳就會重新回到大氣層中，飲料的碳酸量也會跟著下降。

嘶嘶作響之所以感覺比較有吸引力，那是因為飲料就該這樣！就拿可樂和香檳來說，大家都覺得這種飲料應該要嘶嘶叫，碳酸是必要的風味，所以氣還沒跑光的時候當然比較好喝。碳酸飲料裡的氣跑光，等於主要的風味之一消失了，整體的口感也會改變，只會變得更不好喝。

馬丁・魯斯（Martin Roos）

來自英國諾霍特，密德瑟斯

飲料要好喝，通常融合了許多人們期待的刺激感覺。包括了溫度——當然，這指的是冷飲和熱飲——聲音、清新或滑順的口感、香氣、風味和舌尖的刺激感。飲料會嘶嘶叫，通常是因為加了碳酸，比方說透過加壓空氣為一些礦泉水注入活力，把它們變成碳酸水。好的「嘶嘶感」會讓人鼻子有點癢，喝下去的時候口腔裡還會有飛濺的刺激性液滴。

　　溶解在液體中的二氧化碳喝起來的感覺刺刺的，而少了碳酸的酒精飲料就沒有這種風味。消了氣的飲料失去平衡，喝起來要不是太平淡，要不就是太甜，總之就是……沒氣不好喝啦！

瓊·瑞奇菲爾德

來自南非，西薩莫塞特

■♨■♨■♨

　　服用乙醯偶氮胺這種藥物的副作用，就是會讓碳酸飲料喝起來很平淡。乙醯偶氮胺是一種用來預防高山症的藥物，可以預先調整血液的酸性，因此抵銷了碳酸飲料裡的碳酸，讓碳酸飲料喝起來平淡無感。去年夏末，爬完坦尚尼亞的吉力馬札羅山之後，我喝了一瓶汽水，親自體驗了碳酸飲料沒有氣的奇怪感覺。

大衛·克洛（David Clough）

來自英國，劍橋大學

Q^{010} | 為什麼巧克力球表面這麼光滑？

表面光滑的巧克力球到底是怎麼做出來的？

來自英國，英國國家廣播公司第五電台現場聽眾

A:

一九七七年，我曾經花了半年的時間製作雀巢聰明豆，這種零食跟提問者提到的巧克力球很相似。聰明豆的中間有巧克力做的扁扁核心，這些巧克力核會在一種類似水泥攪拌機的機器裡打滾，重複輪流沾取甜味澱粉漿和糖粉，每結束一次塗層的步驟，都要用鼓風機吹乾聰明豆。初學者大概要花一到兩個禮拜的時間，才能學會讓巧克力核表面塗層均勻光滑的技巧，包括不能讓塗料結塊、乾溼比例要抓對、塗層要很薄……等等。菜鳥做出來的聰明豆表面坑坑巴巴，只能便宜賣。

在工廠工作的半年裡，每天，我大概要處理一噸的巧克力核，負責先替巧克力核塗上白色的內層，帶甜味的外層則由經驗更老道的工人負責處理，用的也是很像水泥攪拌機的機器。聰明豆的成品要在粉狀的蜂蠟裡面翻滾、拋光，只有黑色的聰明豆可以省略這些過程，用石油膠拋光就好，這樣表面才不會白白的。

看完我的描述，大家應該都發現了，聰明豆的生產過程

沒有用到自動化運輸帶，每位工人必須控制自己的工作速率，根據工人的經驗不同，每一批成品大概要花一到一個半小時的時間。

彼得・文尼（Peter）

來自英國西約克郡，海柏登橋

Q⁰¹¹ | 養活四口之家需要多大的土地？

我聽說一個四口之家只需要八平方公尺的土地，就能滿足一整年的糧食需求，世界上真有這樣的地方嗎？又真的如我聽說的那樣，一週只需要工作兩小時就夠了？如果這是真的，那這家人都吃些什麼東西過活呀？

珍・荷頓（Jan Horton）

來自澳洲塔斯馬尼亞，西朗瑟斯頓

關於這個問題，各界說法不一。可能得等到有人計算八平方公尺的土地產量是多少，才能真正釐清問題。尤其是貧窮的國家，非常需要有人進行這樣的實驗。

—— 伸長脖子等待專業科學家發揮大愛的編輯

A:

這問題的關鍵在於能量流。陽光照射在地表的強度，會受到緯度和季節的影響。平均而論，地表每天接收到的陽光強度約為每平方公尺三百瓦特。因此，一平方公尺的土地，平均每天接受二千六百萬焦耳的能量，靠近赤道地區則會更多。人體每日建議攝取的熱量大概是兩千大卡。所以，就理論上來說，一平方公尺土地接受到的太陽轉換為熱量，足以供給三個人。然而，光合作用的效率大約只有10%，所以要滿足一個人必須攝取的熱量，至少需要三平方公尺的土地。在赤道附近，每個人大概只需要兩平方公尺的土地，不過儘管如此，也還是太過樂觀了。

畢竟想要獲取營養和礦物質會遭遇各種困難，況且土地的產量也會有季節性的波動。

賽門‧艾佛森（Simon Iveson）

來自印尼，國家發展大學

■♦■♦■♦

我是沒有算過我家菜園的產量啦！不過今年的收成確實足夠塞滿冰箱，也能供應家人新鮮的食物。我的菜園一共有兩小塊土地，合計面積大約是七平方公尺，產量應該可以滿足兩個人的每日最低糧食需求，如果我想，要餵飽四個人也不算太難。

我的農產品，含散作和輪作（輪流種不同種類的作物，保持農地的營養）的作物在內，有多花菜豆、甜豆、洋蔥、蒲芹蘿蔔、樹莓、草莓、菠菜、青花菜、花椰菜和黑莓。我有個溫室，

裡面搭了面積一平方公尺的棚架，此外，我還在花盆裡種了紅蘿蔔、番茄、小黃瓜、甜椒、南瓜和香草。

基本上，我種的作物密度都超過種子包裝上的建議值。冬天時，我會先在加溫的溫室裡育苗，替要種在溫室外頭的作物做準備。像豆子這類的作物不會占據太多土地面積，而且輪作是利用空間的好方法。此外，我們還會打野食，像是吃野兔，用各種不同的方法滿足我們的飲食需求。像這樣大小的土地，每週花兩小時管理已經綽綽有餘。

不過這套到哪裡都行得通嗎？我的菜園已經傳承了好幾代，有很悠久的歷史了。順帶一提，最近我在菜園裡一處從沒耕種過的土地上種菜，結果收穫非常慘淡。如果沒有溫室或冰箱，我不確定這塊地上的農作物可以持續餵飽家人。

湯尼‧候克漢姆（Tony Holkham）

來自英國喀地干，葛蘭拉封

■ᘛᘒᘛ■ᘒ

我的家人認為，如果八平方公尺的土地上只種蔬菜，產量的確能供給一家四口一年份的糧食需求。

你可以在農地的最尾端架起桿子，種植會攀爬的豆類植物，如果產量過剩，就把多的冰起來。你也可以種植匍匐植物，像是南瓜或小黃瓜，種在田裡，讓它們往外蔓生。至於甜菜嘛，可以持續收割，不會受限於季節，而且鏟些土倒進躺倒在地的舊輪胎，你就能種馬鈴薯了。向上生長的番茄和芽甘藍也是一樣，多餘的番茄可以裝瓶或冰起來。

香草可以種在有許多孔洞的盆子裡，草莓也是。此外，還可以在長得高又直的高株作物之間，種植紅蘿蔔、蒲芹蘿蔔、瑞典蕪菁和蕪菁。說到這，有件事要注意一下，那就是你得稍微錯開植物播種的時間，並且冷藏保鮮生產過剩的農產品。啊還有，蘿蔔長得很快，記得永遠都要留點空間給它，瘦長的芹菜生產過剩的時候，也可以冰起來保存。

除了上面講的那些，每年還要把作物的種子留下來。多餘的種子儲藏起來也好，跟別人交換也罷，或者播種種植，用來留種也可以。

我的菜園面積比八平方公尺大一點，在我的記憶之中，我們家一家三口從來不需要買別人種的菜（也不用買雞蛋）。此外我們家還有養雞，雞糞可以當作土壤的肥料，雞肉則供我們食用，使我們自給自足（不過養雞需要空間就是了）。

想要過著自給自足的生活，最重要的一點，就是種植可以儲藏或保存的蔬菜。

珊卓・克瑞基（Sandra Craigie）

來自紐西蘭

關於這個問題，第一位回答者賽門・艾佛森後來重新修正了他的計算方式，也讓我們看到，想要計算一塊土地能產出多少食物有多困難：

回答了這個問題之後，我又想到兩件很重要的事情。

首先，儲存在植物體內的能量，被人類吃下肚以後，也無法達到100%的新陳代謝率，因此餵飽一個人所需要的土地面

積還要再增加。不過前提是，我們要能知道人體對不同食物的新陳代謝率是多少。

其次，雲層會減少地表直接接收的太陽能輻射量，所以餵飽一個人所需要的土地面積還又要再增加。

想要用兩平方公尺的土地餵飽一個人，似乎越來越不可行了。

賽門・艾佛森（Simon Iveson）

來自印尼日惹，國家發展大學

Q⁰¹² | 為什麼紅酒越陳酒色越淡，白酒卻相反？

隨著時光流逝，為什麼紅酒的酒色越來越淡，而白酒的酒色越來越深？

沃克・史塔克（Volker Stuck）

來自德國，柏林

A:

酒色熟成只是複雜化學變化中的一小部分。紅酒陳化（葡萄酒隨著貯藏時間越久，風味、色澤、口感變得更佳的過程）時，酒色會從深紫色逐漸轉為淡紅磚色。紅酒發酵時會持續和酒液中的葡萄皮接觸，過程中葡萄皮內含有的紅藍色酚類化合物花青

苷，會逐漸滲入酒液。在陳化的過程中，一小部分的氧氣會和花青苷，以及其他酚類化合物（多數是無色的）發生反應，促使這些化合物聚合形成有顏色的單寧，隨著時間，酒色便逐漸轉為紅磚色。而隨著單寧複合物持續和酒液中其他成分（如蛋白質）發生反應，體積也變得越來越大，最後終於變得無法繼續存在於溶液中，就成了你在陳年老酒瓶底可能會看到的沉澱物。

新裝瓶的白酒帶點綠色（在葡萄牙，新酒又稱為綠酒），接著酒色會逐漸轉變為棕色。白酒發酵時不會和葡萄皮接觸，所以酚類化合物和單寧的含量極低。此外，白葡萄不含花青苷，這也是白葡萄之所以是白色的原因，也因此白酒中含量極少的單寧不會帶有顏色。一般認為，白酒陳化後會變成棕色，是因為酒液中少量的酚類化合物緩慢氧化，和吃了一半的蘋果放久會變色是一樣的道理。

有件趣事倒是可以順帶一提，花青苷只存於葡萄皮，所以紅葡萄去皮以後，也可以用來製作白酒，美國常見的金芬黛酒就是一例。

奧立佛・辛普森（Oliver Simpson）

來自英國，倫敦

■👍■👍■👍

前一位回答者提到「在葡萄牙，新酒又稱為綠酒」，這個說法其實是錯的。綠酒是用葡萄牙特定地區所產的特定種類葡萄製成的酒，有紅酒，也有白酒。

雖然綠酒的確要趁新喝（大概只有用阿爾巴利諾葡萄製作的綠酒除外），但綠酒這稱呼，其實和「新」扯不上半點關係。

來自葡萄牙

Q013 | 為什麼吃萵苣或馬鈴薯嘴巴不像吃大蒜那樣臭？

為什麼吃萵苣或馬鈴薯，不會產生吃完大蒜以後那樣的口氣？

克里斯‧勾汀（Chris Goulding）

來自英國北約克郡，皮克陵

A:

當蒜瓣被切開或是搗碎，大蒜會產生可以抑制真菌和細菌的化合物——大蒜素，這是蒜胺酸酶作用在蒜胺酸以後所產生的結果。生吃大蒜之所以會讓你覺得辛辣無比，都要拜蒜胺酸所賜。

然而，蒜胺酸的性質並不穩定，還會產生多種氣味難聞的含硫化合物，形成大蒜辛辣刺激的味道。吃下大蒜以後，蒜胺酸和蒜胺酸分解後的產物從消化系統進入血流中，隨著你呼氣或流汗離開人體。

此外，大蒜內含的化學物質還會改變人體新陳代謝的狀態，觸發血液中脂肪酸和膽固醇降解，過程會產生甲基烯丙基硫醚、二甲硫醚和丙酮，這些都是揮發性的物質，可以從肺部呼出，讓你吃完早餐以後滿嘴都是大蒜味。不過，其實不一定要吃大蒜才會產生滿嘴大蒜味，因為人體也可以透過皮膚吸收蒜胺酸，只要拿著大蒜在皮膚表面磨擦，就能讓你滿嘴大蒜味，因為那些具有揮發性的物質，最終還是要從肺部呼出。

要處理大蒜造成的壞口氣，唯一的解決之道就是大家一起吃。當我們臭在一起其快樂無比。

彼得‧史考特（Peter Scott）

來自英國索塞克斯大學，生命科學院

■◊■◊■◊

大蒜之所以辛辣，又會造成口臭，全都是因為蒜瓣一旦被切開，會產生許多含硫化合物，它們含有能讓人體健康的物質，在這些化合物之中，有些味道很快就會消逝。硫是出了名的臭，從火山學家鍾愛的硫磺，到含有硫化氫的臭雞蛋，以及臭鼬奇臭無比的分泌物，它們都臭得出類拔萃。

傑弗里‧喬叟（Geoffrey Chucer）就曾用自己獨到的方式，評論了十四世紀的煉金術士：「不管走到哪裡……只要聞到硫磺味，就知道他們來了，全世界的煉金術士都散發著臭水溝的味道。」

保羅‧柏德（Paul Board）

來自英國格溫內斯，康威

Q^{014} | 為什麼和方糖放在一起的起司不會長黴菌呢？

黴菌總是威脅著我，想染指我用起司罩蓋著的高達起司和愛丹起司。最近我老婆告訴我可以放一塊方糖在起司旁邊防止發霉，我照做了，從此擺脫了虎視眈眈的黴菌！放在起司旁邊的方糖除了吸收濕氣以後漸漸溶解以外，沒有任何異狀。我老婆是從她媽媽那裡學到這招的，所以這一定是流傳已久的古法，說不定大家都知道。我想知道為什麼會這樣，其中又有什麼道理？

喬治·湯梅森（Georg Thommesen）

來自挪威，利爾

A:

這個方法在德國北部很常見，解釋起來也很簡單：方糖吸收了起司罩裡的濕氣，所以會慢慢溶解，而乾燥的空氣不適合黴菌生長。

大衛·弗立特（David Fleet）

來自德國，敘德爾斯塔佩爾

　　方糖吸收水分，使環境中的相對濕度下降，黴菌就沒有辦法在起司表面生長了。鹽、飽和的糖水或鹽水也有一樣的效果（溶液中含有未溶解的溶質，就是所謂的飽和溶液）。

　　博物館要控制展示櫃裡的濕度，也是靠著這樣的基礎原理。濕度太高，會孳生惹人厭的黴菌；濕度太低，木頭和皮革可能會乾裂。利用不同鹽類的飽和溶液，可以把相對濕度控制在10%到90%之間。舉例來說，氯化鋰的飽和溶液可以讓相對濕度保持在11%，而一般鹽類的飽和溶液則可以把相對濕度控制在70%左右。

　　　　　　　　　　　　　約翰‧哈伯森（John Hobson）

　　　　　　　　　　　　　來自英國威爾特郡，德維茲

■♧■♧■♧

　　因為本身有吸收濕氣的特性，所以糖會吸收空氣中的液體。這也是為什麼在潮濕環境中糖通常會結成塊，而且結塊的過程連帶抑制了黴菌或細菌的生長。

　　用蜂蜜阻止微生物生長也是類似的道理，而且蜂蜜的抗菌效果實在太好，一度還被人們拿來塗抹傷口、防止傷口感染。蜂蜜含有高濃度的糖，可以抑制黴菌和細菌的生長，而且會吸收環境中的水分，讓蜂蜜中的真菌孢子和細菌細胞脫水、無法滋長。

　　真菌也好，細菌也好，它們的細胞必須攝取養份才能進行繁殖，所以會吸收和細胞膜有接觸的食物，或是分泌酵素分解食物，然而蜂蜜裡的糖分會讓細胞排出水分，要不是讓細胞死亡，就是刺激細胞以孢子的狀態活下去，並且停止繁殖，直到

遇到適合的環境再復甦。這就是孢子的功能，在無法讓它們繁衍的蜂蜜裡靜靜等待著，暫停一切活性。

比爾・傑克森（Bill Jackson）

來自加拿大安大略，多倫多

Q⁰¹⁵ | 為什麼黴菌會以同心圓的排列方式生長？

我曾經觀察過水果籃裡一顆梨子開始腐爛的過程。頭一個晚上，黴菌生長排列的形狀猶如飛鏢靶心。經過六十小時，靶心外多長出了好幾圈黴菌。再經過四十八小時，又長出更多圈黴菌，這些圈環呈現等距排列，也大致維持同心圓的形狀，此時梨子已經爛得差不多。這種情形我也在其他水果上見過。我想知道的是：黴菌為什麼會這樣一圈一圈的生長？

鮑伯・雷德（Bob Lass）

來自英國，愛丁堡

A:

提問者的梨子其實受到了褐腐病的折磨，引起褐腐病的兇手是真菌，叫做褐腐病菌（Monilinia fructigena），褐腐病是蘋

果、梨子和核果類常見的疾病，傳病方式是透過空氣傳播孢子。孢子會在果實受傷的地方發芽，從這裡下手，真菌不費吹灰之力，就能接觸到失去外在保護且富含營養的果肉。

真菌菌絲在果肉組織內生長、分支，分解果肉。果實患病初期，肉眼是看不出來的，但隨著病程發展，梨子開始出現典型的褐化反應，因此這種疾病才會稱為褐腐病。

真菌生長的過程中照到陽光，會促使真菌在特別的菌絲上產生更多孢子，這種菌絲會突破果皮，形成灰棕色，像膿皰一樣的構造。

只要受到陽光照射，這些膿皰又會形成新一批的真菌孢子，真菌繼續生長，每天在果皮上形成更大的新圈環，也就是提問者提到的那種典形樣貌。

長在濃密青翠的草皮的仙女環（蕈類在生長地自然排列成環狀，成為一個圓圈。之所以稱作仙女環，是因為在歐洲有傳說那是仙女夜裡跳舞留下的痕跡），也是這種彼此平行的真菌圈環，這和褐腐病一樣，讓人們有機會能夠親眼見證平常肉眼無法見到的真菌到底是怎麼生長的。不過，仙女環並不像褐腐病那樣都是壞處，它分解的是土壤裡的有機質，除了提供足夠的能量讓自己產生孢子，也會釋放土中的養分，促進青草生長。

彼得‧傑弗瑞斯（Peter Jeffries）

來自英國坎特伯里，肯特大學，科技與醫學研究中心

Q^{016} | 為什麼分次倒啤酒酒沫消得比較慢？

在澳洲，喝啤酒的人普遍認為把冰涼的窖藏生啤酒倒進玻璃杯時，如果分個兩至三次倒，而不是一次倒完的話，酒沫會消失得比較慢。為什麼會這樣？所有以窖藏溫度供應的啤酒都會這樣嗎？

賈斯汀・史溫（Justin Swain）
來自澳洲新南威爾斯

A:

如果一次倒完啤酒，酒沫的形成比較一致，產生的泡泡相對比較少，而且體積也比較大。大的泡泡比較快破，所以酒沫會消失得比較快。如果倒酒的過程中有停頓，一開始形成的泡泡就有機會變大，變得更有彈性，等到第二次倒酒的時候，原先的泡泡就會因為受到擾動，破裂成更多更小的泡泡。此外，倒進杯裡的啤酒中，大泡泡周遭的二氧化碳濃度可能會降低、泡泡變大的速度會減緩。分兩次倒酒，泡泡的體積不會那麼大，也能增加泡泡的數量，形成更順口、細緻，也更穩定的酒沫。因為小泡泡不像大泡泡那麼容易破，所以細緻的酒沫才比較慢消。

有些地方供應溫度較高的啤酒也是為了增加酒沫，但這樣

一來酒沫形成的過程比較劇烈，維持時間又很短，所以喝的人沒什麼感覺。總之，溫度較高的啤酒泡沫大而脆弱，實在是沒什麼效果。

比利·吉爾（Bill Gill）

來自英國密德瑟斯，泰丁敦

Q017 | 為什麼鍋裡的醬汁會噴出來？

我在火爐上放了一個平底煎鍋，鍋裡混合了紅酒和橄欖油，正在收汁，突然間我聽到「砰」的一聲，發現濺出鍋外的是紅酒，不是橄欖油，而且飛濺的距離有兩公尺遠。幸好濺出來的紅酒溫度不夠高，我沒有被燙傷。在發生這起驚天意外前，我至少有一分鐘的時間沒有攪動鍋裡的溶液，而且鍋裡的紅酒和橄欖油已經分層了。這一切究竟是怎麼回事？

艾倫·加蒙斯（Alan Gammons）

來自英國西約克郡

關於這個問題，我們收到好幾個解釋。如果有哪位讀者急著想知道哪個解釋是正確的，迫不及待想動手做，實驗時請務必小心。

—— 總是離鍋子遠遠的編輯

A:

　　我是不知道主廚們對於這個現象有沒有什麼特別的稱呼，不過在化學界，這種現象叫做「突沸」，當液體受熱達到沸點，卻因為缺乏成核點（液體沸騰時冒出氣泡的地方）所以沒辦法沸騰；凡是裂縫、尖角或是固體粒子等可以輕易形成泡泡的地方，都能當作成核點。

　　想要觀察成核點，看看香檳就知道了。香檳杯裡不斷有泡泡形成，然後往上連成一長串泡泡的地方就是成核點。成核點出現，就代表杯子可能有細微的刮痕或汙漬；乾淨無瑕的香檳杯內很少，甚至沒有成核點，可以讓你的香檳冒泡冒得久一點。

　　當平底煎鍋裡沒有適當的成核點，溫度又遠遠超過液體正常的沸點，最後就算沒有成核點，也會形成泡泡。一旦泡泡形成，本身的作用就像成核點，讓周圍的液體也開始形成泡泡。像這樣當溫度極高的液體突然找到鄰近的成核點，就會產生爆炸性的沸騰現象。這種現象在化學實驗室裡很常見，因為實驗用的玻璃器皿非常乾淨、沒有瑕疵，完全沒有成核點。

　　為了阻止突沸，化學家可能會故意刮傷燒瓶內部，製造成核點，或者在溶液裡加入惰性的沸石（低密度、硬度的礦石，有許多孔洞）。有些時候，突沸是必要之惡，化學家會使用玻璃製、具有保護性的「突沸球閥」（Bump trap）來收集飛濺的液體，或是轉移飛濺而出的液體方向。

　　在許多學科裡，成核點都是非常重要的基本觀念。就拿

氣象學來說，人工種雲（將人造物放入雲中，改變雲的發展方向，藉此增加降雨量）就牽涉到替凝結的水蒸氣提供成核點。冶金時，原子在成核點周圍結晶成粒的方式，也對金屬或合金的強度及其他性質有非常大的影響。

至於提問者的狀況，我猜是因為鍋裡的紅酒發生突沸。因為油封住了平底鍋，在表層形成完全光滑的表面，沒有任何成核點，或者是平底鍋本身就非常光滑無瑕。濺出鍋外的紅酒溫度其實應該高到足以燙傷提問者的皮膚，只是因為在空氣中穿梭的微小液滴冷卻的速度非常快，提問者才會平安無事。為了避免廚房內發生突沸事件，你可能得為液體提供成核點，可以考慮在開始加熱前，扔一片迷迭香葉到橄欖油或紅酒裡面。

班・豪勒（Ben Haller）

來自美國加州

■ ✦ ■ ✦ ■ ✦

液體有自己的蒸氣壓，當混合液體的蒸氣壓和環境壓力相等時就會沸騰。然而，如果是提問者面臨的狀況，混合液體在受熱之前就已經分層，那麼下方液體（也就是紅酒）的溫度可能早在抵達本身的沸點之前，溫度就已經超過混和液體的沸點。紅酒沸騰的時候，會造成液體重新混合，使液體的沸點快速下降，或者立刻帶來突沸的現象。

濺出鍋外的之所以是酒而不是油，那是因為蒸發的液體幾乎都是紅酒。紅酒液滴的溫度可能比油還高，幸好液滴因為蒸

氣膨脹的壓力，在空氣中分散時形成快速降溫的氣膠粒子，才沒有燙傷提問者的皮膚。

班‧豪勒（Ben Haller）

來自美國

■🖤■🖤■🖤

　　因為提問者沒有攪拌鍋內的溶液，橄欖油和紅酒產生分層現象，油在上，紅酒在下，接近加熱源。紅酒內的酒精會比水分先沸騰，可能在油層上逐漸產生冒泡的現象。蒸發成為氣體的酒精可能會覆蓋在油層的表面，因為受到鍋緣的侷限，便和附近的空氣混合形成具有爆炸性的混合氣體。過了一陣子之後，這種混合氣體可能滿出鍋緣，滑出鍋外的混合氣體往下移動遇到加熱源，就會連同油層表面的混合氣體一起點燃。這樣的氣體爆炸事件可能朝各個方向傳送震波，所以提問者會聽到「砰」的一聲。震波往下移動，可能會接觸到黏稠的油層，把油層往下壓，間接對下方的紅酒施加壓力，無處可去的紅酒只能往鍋外飛濺，弄得廚房到處都是酒滴。

大衛‧列文（David Levien）

來自英國，劍橋

■🖤■🖤■🖤

　　看來是因為紅酒加熱過度，產生了瞬間爆炸性的沸騰現象。當液體的蒸氣壓等同於環境壓力的時候就會開始沸騰，至於提

問者遇到的狀況，開放式煎鍋上方的壓力是一大氣壓。通常來說，熱能釋放的過程很平順，然而油和紅酒的混合液體有自己的沸點，會比原本液體的沸點還低。每種液體都有自己的蒸氣壓，當混合液體的蒸氣壓和環境壓力相等時就會沸騰。然而，如果是提問者面臨的狀況，混合液體在受熱之前就已經分層，那麼下方液體（紅酒）的溫度可能早在達到本身的沸點之前，就已經超過混和液體的沸點。紅酒先沸騰的時候，造成液體重新混合，使得混和液體的沸點快速下降，或者發生突沸。

濺出鍋外的之所以是酒而不是油，那是因為蒸發的液體幾乎都是紅酒。紅酒液滴的溫度可能比油還高，不過幸好液滴因為蒸氣膨脹的壓力，在空氣中分散時已經形成快速降溫的氣膠粒子（穩定懸浮於空氣中的液體），才沒有燙傷提問者。

保羅·葛萊德威爾（Paul Gladwell）

來自英國柴郡，諾斯威治

好了，一口氣看到這裡，是不是覺得頭暈、屁股痛、眼睛澀，想要去冰箱裡拿杯清涼消暑的飲料喝呢？先別急著闔上書本，再往後翻幾頁。你知道，玻璃可能是會流動的液體嗎？

　　──────────── 嚴肅凝視手中玻璃杯的編輯

Chapter

2

你發現了嗎？居家科學

Q⁰¹⁸ | 為什麼牛奶盒會脹起來？

每當我喝完紙盒包裝的牛奶或柳橙汁，總是會把盒子上的蓋子旋好，放在一旁等等再丟棄。然而，每次我都發現紙盒內部好像有壓力似的，盒身側面都鼓得硬梆梆。為什麼會這樣？裝汽水的好像就不會耶！

雪莉兒・奧茲舒勒（Cheryl Altschuler）
來自美國紐澤西，澤西城

有兩種可能會導致這種狀況，我們將解法並列在下面，還附上另一位讀者提到的額外現象。
——— 自從每天喝牛奶考試都得一百分的編輯

A:

因為之前放在冰箱的關係，在你喝完最後一口牛奶或柳橙汁，把紙盒蓋蓋回去時，盒子裡的空氣溫度還很低，當你放了一陣子，盒內的空氣升高到室溫時，空氣的體積會膨脹，所以盒子就鼓了起來。試著不要蓋回紙盒蓋，或者等盒內空氣升高至室溫時再蓋紙盒蓋，盒子就不會鼓起來了。

你也可以利用空氣熱脹冷縮的特性製造相反的效果：用熱水沖洗空牛奶盒，然後馬上把瓶蓋蓋回去。等盒內的空氣冷卻以後，你會發現盒身兩側是凹陷的。

至於裝汽水的容器，它們本身的設計理念就是要能夠承受碳酸飲料的壓力。只要你曾經在打開碳酸飲料的時候被噴了一身，就知道這種容器要承受多少壓力了。當裝牛奶的空紙盒因為盒內的冷空氣回升至室溫而膨脹，其他更為堅固的容器會因為受到設計的約束，不會有肉眼可見的膨脹現象。

馬克・愛德華斯（Mark Edwards）

來自澳洲昆士蘭，查普希爾

■♨■♨■♨

裝果汁和牛奶的紙盒之所以會膨脹，是因為裡面累積了多種微生物產生的發酵氣體。紙盒中殘餘的營養汁液，讓這些微生物蓬勃生長。保存期限長的飲料在製造過程中通常會經過高溫滅菌，殺死大部分對人體有害的微生物。然而，當你打開飲料，外在環境中的細菌、酵母菌和微生物孢子就會開始汙染盒子裡的液體。

如果你把紙盒放在冰箱，這些微生物的生長速度會變慢，但在室溫環境下，裡面的微生物會開始在殘餘的果汁或牛奶液面上快速增殖、產生二氧化碳，累積到一個程度就會使盒身鼓起，尤其是溫暖的天氣，這種狀況尤其厲害。

像汽水這樣的碳酸飲料比較不容易產生發酵現象，因為裡面通常會加入安息香酸鈉或山梨酸鉀等微生物抑制劑。此外，碳酸

飲料的營養成分不高，尤其是無糖的碳酸飲料，營養成分更低，因為這些飲料中真正的果汁成分要嘛很少，要嘛根本不含果汁。

附帶一提，你可以在果汁紙盒裡找到的微生物，都是常見的酵母菌，像是酵母菌屬或念珠菌屬的成員，才能在果汁這種酸度很高的環境裡生存。

對大部分微生物來說，牛奶是絕佳的食物來源，許多細菌甚至可以在牛奶裡增殖。另外，就算牛奶沒有受到外界汙染，還是有可能發酵，因為桿菌的孢子能抵抗滅菌時的高溫，依然可以在滅菌後的牛奶裡生長。

朱莉亞・艾克德（Julia Aked）

來自英國，貝德福

■ ᗡ ■ ᗡ ■ ᗡ

在英國，每天由廠商送到你家門口的新鮮牛奶會裝在玻璃瓶裡，上面用鋁箔蓋住。早餐時，當你把牛奶瓶從冰箱拿出來，也可以獲得類似的樂趣：倒一些牛奶到你裝著麥片的碗裡，然後把鋁箔確實蓋好，沒多久，等瓶子裡的空氣升溫，鋁箔會突然彈射到空中，發出的聲響還不小呢！

這大概也可以解釋以下這個狀況：從冰箱拿出小孩的牛奶加熱後，我總會拿著奶瓶左右搖晃檢查溫度，如果我沒有事先旋開奶瓶蓋，先釋放瓶中的壓力，把瓶蓋蓋回去以後再搖晃奶瓶的話，牛奶總會噴得到處都是。

克萊兒・韋伯斯特（Clare Webster）

來自英國漢普郡，溫徹斯特

Q⁰¹⁹ | 彩色牙膏是怎麼製造出來的？

牙膏製造商怎麼做出牙膏上面的條紋？為什麼這些條紋可以一直保持到牙膏用完為止？

麥爾斯·艾靈漢（Miles Ellingham）

來自英國，倫敦

A:

幾十年來，牙膏製造商就是靠著這種簡單的發明來促銷他們的牙膏。要探討這個問題，我們大概要先回溯到五十年前左右，找出美國專利號2789731和英國專利號813514這兩項專利，註冊人都是李奧納多·勞倫斯·馬拉費諾（Leonard Lawrence Marraffino）。他授權聯合利華公司使用他的發明——條紋牙膏。這間公司很快推出了史上首見的條紋牙膏商品，在英國的品名叫做「記號牙膏」，擠出的白牙膏上帶有紅色條紋。

彩色牙膏的管嘴裡其實有一條空心管，長度稍微往牙膏管後方延伸。白色的牙膏會裝在這根空心管裡，在這根空心管周遭還有前端呈現漏斗狀的管子，在靠近管嘴的管壁上有小孔。填裝牙膏的時候，會先把紅色牙膏填裝到漏斗狀的細頸裡，然後再填裝白色牙膏，最後把牙膏管的末端封起來。

當你擠壓牙膏管的時候，裝在空心管的白色牙膏對紅色牙膏施加壓力，使紅色牙膏通過管壁上的小孔進入空心管，這就

形成了牙膏的條紋。如果你發現牙膏的條紋消失，只要把牙膏放進溫水裡泡一下，條紋又會重新出現。

　　一九九〇年，高露潔——棕欖集團申請的美國4969767號專利，可以產出有兩種顏色的條紋牙膏。為了騰出空間容納第二種有色牙膏，在這種牙膏空心管周圍裝有色牙膏的管變得更寬、長度變短。同樣的，這種牙膏也是透過管壁上的小孔，在白色牙膏上造出雙色條紋。

湯姆・傑克森（Tom Jackson）

來自英國劍橋，夕羅司

■👍■👍■👍

　　想要製作條紋牙膏還有另一種方法：把不同顏色的牙膏填裝到立式分裝器的個別進料管中。這樣就算有色牙膏因為要擠過空心管管壁上的小孔變得越來越少，條紋的花樣也不會因此改變。不過，除非你用的是唧筒式的分裝器，否則條紋恐怕會全混在一起。

尼爾・瑞許布魯克（Neil Rashbrook）

來自英國赫特福郡，史蒂文納吉

■👍■👍■👍

Q⁰²⁰ | 塑膠袋為什麼能解決刷卡不過的問題？

每當我的簽帳卡刷不過的時候，有些加油站人員就會使出一招聰明又有效的伎倆：用透明的薄塑膠袋包覆簽帳卡再刷。為什麼包個塑膠袋就能讓卡刷過啊？

麥特・哈斗史東（Matt Huddlestone）

來自英國德文郡

A:

讀卡機裡面有一個小小的感應線圈，可以偵測簽帳卡磁條上連續排列的磁區與非磁區。當簽帳卡刷過讀卡機，磁條上的每一個磁區經過感應線圈的時候，都會產生一道微小的電脈衝。這些連續排列的磁區與非磁區，作用在於把完成交易所需的資料轉譯為電碼，在英國，交易資料還包括了客戶的PIN碼。

磁化的粒子鑲嵌在塗有潤滑劑的塑膠黏結劑上，形成磁條。磁條有可能因為狀況損壞，包括接觸到大型的外在磁場，比如永久磁鐵或是高強度的交流電。另外，磁條也有可能磨損，這樣一來磁性粒子會被拖拉到磁條的非磁區上，造成資料毀損。這是目前最常見的磁條損壞原因，你的簽帳卡很有可能就是這樣才無法讀取。

這些被磁性粒子「汙染」的磁區，磁場還是比正常的磁區弱。磁場的強度受平方反比定律（物理量的分佈或強度，會根據和源頭距離的平方反比下降）的控制，如果正常時磁條和讀卡機之間的距離是零點零一公釐，把這個距離加倍，那麼讀卡機接收到的信號強度會變成原本的四分之一。只要增加一點點距離，比如像提問者說的，加油站人員用塑膠袋包裹信用卡的方式，就能把受汙染磁區發出的信號減低至被讀卡機判讀為零的程度，於是這張簽帳卡又恢復正常了。想要製造出這種額外的距離，也可以使用任何不具磁性的間隔物品，像是膠帶。

另外，讀卡機的敏感程度不一。有些讀卡機可以正確讀卡；有些就得藉助塑膠袋或膠帶的幫助。磁條受損的狀況也只會越來越嚴重，有一天這招也會失靈，所以，一旦發生這種狀況，就準備請銀行重新發卡吧！

比爾·傑克森（Bill Jackson）

來自加拿大安大略，多倫多

Q⁰²¹ | 冰箱的溫度到底該怎麼調整？

夏天時，如果我們把冰箱的恆溫器設定在適合冷藏食物的溫度，到了冬天，任何液體只要在冰箱裡放過夜，隔天保證結冰。我們用過的每一個冰箱都這樣，

為什麼冰箱內部的恆溫器不能只針對冰箱內部的溫度做反應呢？烤箱也會這樣嗎？

艾格尼斯‧亨利／浦卡‧亨利（Agnes and Puka Henry）

來自澳洲北領地，達爾文

A:

由恆溫器控制的家電，其實並不會精準的在你每一次設定溫度的時候就做出反應，而是會在超出一定的溫差範圍後才作用。如果恆溫器太靈敏，那就得要開開關關不停動作，除了影響恆溫器的使用壽命，也會影響冰箱其他零件的壽命。冰箱冷藏的溫度一般設定在攝氏四度，不過在降溫期溫度可能會低於攝氏零度，之後進入升溫期，又可能會升到攝氏六度左右。

環境溫度高時，冰箱的溫度也會跟著快速升高，恆溫器便會開啓；天氣冷的時候，冰箱的低溫期則可能會持續很久，導致食物結凍。如果你覺得這樣很困擾，可以把恆溫器的溫度調高一點，只要天氣回暖時別忘了把溫度調回來就是。

在多數地區，冰箱最多只能設定比環境溫低二十度，所以季節對冰箱的狀況影響挺大的。雖然烤箱的恆溫器原理也差不多，但是烤箱設定的溫度通常遠高於各個季節的環境溫度，所以季節溫度變化對烤箱恆溫器起不了太大影響。

瓊‧瑞奇菲爾德

來自南非，西薩莫塞特

■ 👌 ■ 👌 👌

冰箱會有這種問題，根源恐怕是出在「簡約設計」這種哲學的影響。在理想的世界裡，冰箱應該要有非常好的絕緣系統，和一個體積夠大，足以應付各種狀況的熱泵；冷凍室和溫度高於攝氏零度的冷藏室，都應該有獨立的冷卻盤管。然而這些都要成本，所以許多便宜的冰箱絕緣層非常單薄，熱泵壓縮機也比較小。

有些冰箱的冷凍室和冷藏室共用同一個冷卻盤管，而且還把冷凍室的部分空氣導入冷藏室：恆溫器裝在冷藏室裡，使用者只要調整通風控制刻度盤，就可以控制由冷凍室進入到冷藏室的空氣量。

你可能早已預想到，冬夏兩季流經冰箱壁面的熱流的溫度差，會造成冬天冷藏室溫度過低、食物結冰，而夏天時冷藏室卻可能太過溫暖。解決之道就是隨著環境溫度更改冰箱的溫度設定。

售價昂貴的冰箱絕緣層確實比較厚，冷凍室和冷藏室也有不同的冷卻盤管。有些效率極高的冰箱，冷凍室和冷藏室還各有獨立的壓縮機。如果你家冰箱已經使用超過十五年，你不如丟了它還比較省錢。買一台具有雙重壓縮機，絕緣層厚達十公分的冰箱吧！（一般冰箱的絕緣層標準值是五公分）這樣的冰箱你可以用上二十年，而且每個月能替你省下十三美元（約台幣四百元），二十年共可省下三千一百二十元（約十萬台幣）。每次在酒窖裡看見別人用老舊的冰箱冰啤酒，我總是哈哈大笑，每月消耗一千瓦特在這台老冰箱上，電費就要三十五美元（約一千一百台幣），夠你買一堆啤酒了。

比爾・傑克森（Bill Jackson）

來自加拿大安大略，多倫多

Q 022 | 倒放很久的玻璃杯會什麼會黏住？

最近我從杯櫥櫃裡拿出幾個水晶玻璃杯。其中有兩個玻璃杯被黏住了，硬扯的結果，是玻璃杯破裂，在原本的架上留下了一公分左右的杯口玻璃。這些水晶玻璃杯已經倒著放了三十幾年，杯緣厚度也變得不一致，有些地方看起來像是裂口的起點，為什麼會這樣？

琳達・蘇拉卡庫（Linda Sulakatku）

來自澳洲昆士蘭，坎普希爾

《新科學家》恐怕從來沒遇過如此令人錯愕的問題。一開始，我們深深相信「玻璃像膠體一樣會流動」這個結論，但後來發現這件事不過是個流傳已久的都市傳說。在看過一連串相關理論和可能的答案以後，來自雪菲爾德大學的約翰・帕克（John Parker）替我們整頓了混沌的腦袋。不過我們仍然把那些錯誤的答案都收錄了進來，除了作為前車之鑑提醒自己，也證實了科學就是一種不斷質疑自己的過程。

——感嘆著「相信自己是科學人的，往往最不科學啊」的編輯

A:

　　玻璃看起來像固體，但其實是一種膠體，只是流動的速度非常緩慢。比起其他類型的玻璃，鉛玻璃或水晶玻璃更會流動。你也許在舊大樓的窗戶上見過這種情形：玻璃的底部看起來比玻璃的頂端還要厚。

　　鉛玻璃是製作水晶玻璃杯的原料，質地會隨著時間越來越脆。玻璃杯的底和杯柄之所以做得挺厚的，是因為這樣才能防止玻璃往下流到你的手上，至於玻璃杯的杯壁就很薄。

　　玻璃杯倒放的時候，玻璃會慢慢往杯緣的方向流動，使杯緣慢慢變厚，其餘部分則慢慢變薄，而且玻璃杯會變得越來越脆。玻璃杯倒放的時候，杯緣會承受由上而來的壓力，因為厚厚的玻璃杯底部壓縮著下方所有玻璃。當提問者拿起這些玻璃杯的時候，原本向下的壓縮力就變為張力。經過長時間的擺放，玻璃杯的杯身已經變得又薄又脆，沒辦法支撐杯緣的重量，所以玻璃杯就破了。

　　因為玻璃杯身的厚度變化並不平均，而且很輕微，所以玻璃杯不會破得均勻。此外，鉛玻璃裡面還有雜質，可能使玻璃杯的結構有弱點，於是就會從弱點處開始破裂，裂痕以此為起點慢慢擴大。

　　雖然這麼說安慰效果不大啦！不過就算玻璃杯沒有在你拿起它的時候破掉，也會在你往裡面倒東西的時候破掉，還會弄得你一身濕。

海倫・詹金斯（Helem Jenkins）

來自紐西蘭普倫提灣，歐霍普

製作玻璃杯時，是先用吹製法將燒熱的玻璃吹成一個蛋型的球體或泡泡作為杯身，再趁著杯身高溫還有延展性的時候把杯底和杯柄黏上去。等玻璃冷卻以後，沿著杯體結構割出杯緣，把多餘的部分折斷，形成尖銳的杯緣。

接著，杯緣的部分會重新受熱，變成有如糖蜜一樣的流動狀態，尖銳的杯緣也因此變得圓滑。最後，整個玻璃杯會再被送進退火爐重新加熱，讓杯身稍微軟化，也讓杯身裡累積的壓力在加熱、冷卻的過程中釋放出來，如此一來整個玻璃杯才能冷卻得夠均勻。

提問者遇到的現象，可能是玻璃杯在製造過程中，退火（將玻璃製品放進「退火爐」中，控制玻璃冷卻的速度和過程中的溫度，是最後一道手續）的過程出了差錯。如果玻璃上有刮痕，就有可能在玻璃杯上形成壓力線，使玻璃杯變得更容易破裂。這種過程也有可能是自發性的：一九四〇年代，市面上有一批使用強化玻璃製造的玻璃杯就會自動爆裂。

大衛・史蒂文森（David Stevenson）

email 來信解答，地址未提供

■ 👍 ■ 👍 ■ 👍

這讓我想起在酒吧工作時，曾碰過與這有關的奇妙事件。

當時，我們這些店員用手泵把啤酒注入啤酒杯的時候，偶爾玻璃杯會從中間裂成兩半，留下非常整齊的裂口，當然，也流了一地的啤酒。

後來這個情況實在太頻繁，我們便開始檢查架上的玻璃杯，

看看到底有什麼問題。我們發現，許多玻璃杯上有看似玻璃切割器留下的割痕，一開始我們以爲這是哪個顧客的惡作劇，直到有天，酒吧老闆突然靈光一閃，問吧台的女服務員有沒有人是左撇子。

的確有位女服務員是左撇子，而且她還戴著訂婚鑽戒。當她左手拿著棉布伸進杯裡，邊轉邊擦乾啤酒杯內壁的時候，鑽石的作用就像玻璃切割器，在啤酒杯裡留下完整的割痕，使得啤酒杯無法承受啤酒注入杯裡的衝擊，整齊的斷成兩截。

我想，提問者的玻璃杯可能也有類似的遭遇。

理查・虎克（Richard Hooker）

地址未提供

就像之前提到的，《新科學家》的讀者在讓我們全都以爲玻璃會流動以後，又提出不同的解釋狠狠的打了我們的臉。於是，我們只好把所有相關的答案都寄給了約翰・帕克，請他替我們看看這問題到底要怎麼解？他在雪菲爾德大學研究玻璃科學及工程。

 盯著玻璃杯啜泣的編輯

玻璃會流動這個論點絕對是錯的。提問者提到玻璃杯原本是黏在架子上的，所以當提問者想要拿起玻璃杯的時候，同時也提供了足夠的壓力在杯身上造成裂痕。這裡我們要考慮兩個問題：爲什麼玻璃會黏住？以及，爲什麼玻璃杯會破裂？

檢查玻璃杯在架子上留下的痕跡，也許可以提供一點線索。

玻璃並不會流動，不過會受到液態水以非常緩慢的速度攻擊，隨著時間，反應產物可能和架子之間產生微弱的鍵結。處在炎熱潮濕的氣候裡，如果玻璃杯架又堆疊在一起，不斷接受水分凝結和蒸發的循環，在玻璃杯和架子之間的鍵結可能會產生嚴重的問題。就算杯子只在杯架上放了一小段時間，一樣可能產生這種鍵結。不知道提問者把玻璃杯放進櫥櫃裡的時候，杯子是不是濕的？或者天氣實在太潮濕，所以長時間下來玻璃杯持續受到空氣中水分的影響？

如果杯架本身有一層塑膠塗層，也會導致這種狀況發生。塑膠確實會隨著時間而改變，產生流動的現象或者和陽光發生反應等等。如果提問者的杯架有塑膠塗層，導致杯子黏在架上的原因，就有可能是玻璃杯和杯架托盤之間產生氣密現象，造成杯外與杯內有壓力差。

如果裂痕十分乾淨、漂亮，代表裂痕沿著玻璃裂開的時候遭遇的作用力很小，表面才會很光滑，最後也不會分叉。而裂痕總是要有個起點，在接近玻璃杯下半部的地方，提問者拿著杯柄往上提的同時，玻璃杯外的表面就產生了彎曲張力，出現裂痕。裂痕一旦產生，很容易繞著整個杯緣延伸。如果利用放大鏡仔細檢查，也許就能發現裂痕的起點了。

不過究竟為什麼會產生裂痕？可能是因為拿起杯子時單點的作用應力過高，或者是因為玻璃杯表面有瑕疵。也可能是因為玻璃杯上有特別薄的區域，或者因為黏合處黏合得不好，才會在拿起玻璃杯時施加了額外的應力。然而，嚴重的瑕疵是最有可能的原因，比如前面讀者提到的，被鑽石戒指刮傷的啤酒杯——可能會增加裂痕頂端的受力程度，不過這得看玻璃的剛

性程度是多少（所謂的剛性物質，就是指受力之後不會流動的物質）。

　　一如往常，這類問題最危險的地方就在於，一開始的分析結果只說出了一部分的故事，然而真正的關鍵往往是其他因素。

約翰・帕克

來自英國，雪菲爾德大學

Q⁰²³ | 為什麼可以用仙女棒在空中寫字呢？

　　煙火節那天晚上，我那玩著仙女棒的兒子，突然想知道為什麼他能用仙女棒在空中畫出圖案？他還想要知道為什麼仙女棒散出的火花線條末端都是星星的形狀？這兩個問題我都回答不出來，誰能幫幫我？

賽門・歷亞（Simon Zia）

來自英國，曼徹斯特

A：

　　仙女棒之所以看起來能在空中畫出圖案，這是因為人眼產生了「視覺暫留」的現象。當景物改變的時候，人的肉眼沒辦法立刻反應，反而是讓先前的影像多停留幾毫秒。這也就是為什麼我們以為影片或電視影像是連續的畫面，事實上

它們只是一連串靜止的畫面。眼睛的視覺暫留現象讓每一格影像和後續的影像融合在一起，造成錯覺，讓我們以為影像是連續的。

如果正在改變的景物包含了非常明亮的物體，以及深色的背景——就像在晚上玩仙女棒——這時視覺暫留的現象會維持比較久，而累積的視覺暫留現象，就會讓你以為好像可以用仙女棒在空中寫字或畫畫。

現在有許多小玩意兒都應用了視覺暫留的現象，比如利用快速移動的 LED 燈條帶，製造出彷彿在空中寫字的效果。當相機閃光燈閃完之後，你會看到彩色光點，那也是視覺暫留引起的。

仙女棒之所以會產生火花，那是因為煙火燃燒之後，綻放燃燒的鎂微粒或鋁微粒。一開始只有仙女棒的外層開始燃燒，等金屬微粒燃燒到一定程度，仙女棒的核心溫度變得很高，就會引發煙火爆炸。煙火爆炸後，金屬微粒燃燒得很快，在夜空中閃爍著星形的火花。

艾利克‧考利（Alec Cawley）

來自英國柏克郡，紐伯里

Q⁰²⁴ | 鐵釘為什麼會被磁鐵吸走？

如果我拿著鐵釘慢慢朝磁鐵移動，靠近到某個程度，鐵釘會往前飛躍，吸附在磁鐵上。我對科學有一定程度

的瞭解，我也知道天下沒有白吃的午餐，讓鐵釘克服慣性和摩擦力，並且往前移動的能量，究竟是哪裡來的？

彼得・詹克斯（Peter Jenks）

來自南非，開普敦

A:

　　我們居住的宇宙提供我們可用的能量，這就是可以白吃的午餐。想像有一顆準備從太空落到地球的石頭，它位於地球之上，再加上地球的重力場，兩者提供位能（就是儲存起來的能量）給這個系統，當石頭加速往地球而來，位能便轉換為動能。如果我們沿著這顆石頭落下的軌跡，把它重新移動到原本它在太空的位置，我們需要花費的能量，會等同於石頭釋放出來的能量。

　　同樣的，鐵釘和遠方的磁鐵之間也存在著位能，當兩者靠得更近，進入磁鐵的磁場範圍時，位能就會轉變成動能。

　　在地球之上的石頭和遠離磁鐵的鐵釘，兩者都充滿了被抑制的能量。鐵釘和在太空中的石頭所含的能量並不是最低的，而是要等到石頭落到地球上、鐵釘吸附到磁鐵上之後，兩者才是處在能量最低的狀態。不管它們分隔多遠，也不管你花了多少能量把鐵釘和磁鐵拉開，釋放的能量會等於獲得的能量，這就是宇宙中的能量守恆定律。

瓊・瑞奇菲爾德

來自南非，西薩莫塞特

把磁鐵的磁場想像成地球的重力場有助於解答這個問題。提問者可能也會問：「當你放手讓一顆球落下的時候，到底哪裡來的能量可以克服慣性和空氣阻力，把球往地表拉？」

簡單說，能量永遠都在，只是以位能的形式儲存起來，也就是說讓鐵釘往磁鐵飛躍的能量一直都存在。當你放開鐵釘，在鐵釘往磁鐵移動，最後撞上磁鐵的過程中，位能轉換成動能、熱能和聲能。當你把磁鐵和鐵釘分開，你施加的是動能，動能又會轉換成位能的形式儲存在鐵釘裡，讓鐵釘有再次被磁鐵吸引的機會。

山姆・戴維斯（Sam Davis）

來自英國薩里，林普斯菲爾德

■👍■👍■👍

雖然鐵釘似乎瞬間就被磁鐵吸走，但早在鐵釘移動之前，能量就已經存在，儲存在磁鐵的磁場裡。只是因為磁鐵的位能轉換成動能，才看起來好像能量突然增加。即使在無窮遠的地方，鐵釘也有位能，在越來越靠近磁鐵的過程中，位能就會轉換成動能。

位能很難觀察到，不過你可以想像在半空中分開鐵釘和磁鐵的畫面，你必須用點力氣去拉，才能讓鐵釘不靠近磁鐵。鐵釘越靠近磁鐵，要分開它們就得花更大的力氣。當你把鐵釘放在物體表面，這時不讓鐵釘靠近磁鐵的是鐵釘與該物體之間的摩擦力，而不是你的手指，當摩擦力小於讓鐵釘待在原地所需的力時，鐵釘便會加速往磁鐵那裡去。

亞當・休威特（Adam Hewitt）

來自英國薩里，基爾福

Q⁰²⁵ | 如何校正水平儀？

水平儀的製造商都是怎麼校準水平儀的？我有兩個
水平儀，其中一個水平已經跑掉，我能重新校準它嗎？

大衛・傑拉德（Dave Gellard）

來自英國，倫敦

A:

人家是這麼教我使用水平儀的：測量水平時，永遠都要測
量兩次，第二次時要把水平儀轉向一百八十度。這樣可以讓你排
除因為氣泡位置所造成的誤差。如果真的有誤差存在，你會得到
不同的結果，想要找出真正的水平，可以從兩次測量中排除誤差。

如果你想要校準具有校準轉盤的水平儀，先找一面新漆好
的光滑牆面，在牆面兩端各找一個固定參考點，接著，根據水
平儀的氣泡指示，把水平儀水平貼著牆，以參考點為起點畫一
條直線，畫到水平儀的末端，然後把水平儀轉向一百八十度，
重複前面的動作，你會得到兩條分歧的線。以這兩條線的端點
當作新的參考點，再從新的參考點為起點劃出一條直線連結原
本的水平參考點，就可以利用這條線來校準你的水平儀。

對了，我聽說市面上買得到可替換的水平儀核心。

馬可・馮・畢克（Marco van Beek）

來自英國，倫敦

　　我住在泰國，這裡的建築工人沒有水平儀可用，他們用的是一根注滿水的長塑膠管，管子懸掛在牆上，呈現微微的Ｕ型，水管兩端的水面會位在同一個水平面上。建築工人接著會拿出表面沾滿彩色粉筆灰的粉繩，兩端延伸至水管兩端，接著快速拉彈繩子，就會在牆上留下一條水平線，你可以用這條線來校準你的水平儀。

肯・Ｓ（Ken S）

Email 來信解答，地址未提供

■ 👍 ■ 👍 ■ 👍

　　提問者應該先利用精準的水平儀找出一個水平的表面，接著把待校準的水平儀放在這個表面上，調整氣泡的角度。接著，就和第一位讀者說的一樣，把待校準的水平儀轉向一百八十度，再調一次。

安德魯・佛格（Andrew Fogg）

來自英國貝德福郡，桑迪

沒有現代工具的時候，就需要回到最初的原點，
使用最原始的方法解決問題，就像忘了帶餐具時，
我們只能在座位上含辛茹苦地以手指挖飯挾菜⋯⋯
　　——忘了可以去便利商店要雙筷子就好的編輯

Chapter

3

你知道嗎？人體的秘密？

Q^026 | 萬不得已要吃自己的時候，吃哪部位好呢？

如果遇到萬不得已的情況，非要吃自己身體的某些部分來求生，除了器官以外，人體哪些部份最營養？是指甲、毛髮還是耳屎？

大衛・克萊（David Klein）

來自紐西蘭，北帕麥斯頓

A:

指甲和耳屎很難消化，除非你用壓力鍋煮一段時間，附帶一提，在弱酸性的環境下烹煮會更好。另外，如果以提供能量或蛋白質之類的物質來代表營養程度，那麼骨髓或脂肪組織可以說是投報率最高的選擇。

但是抽取骨髓不容易，所以利用抽脂術來獲取脂肪應該是最好的方法，前提是你身上還要有脂肪才行，因為如果你已經餓了一陣子，身上恐怕沒剩太多脂肪了。活力充沛的正常人身上，脂肪的重量應該有體重的六分之一到四分之一，如果脂肪量超過體重的四分之三，這傢伙肯定是個大胖子。

　　說真的，如果不能使用手術，人體實在沒有太多營養的部位可以吃。人類不像蠹蟲或衣蛾這些食腐動物有辦法消化角質（角質是一種蛋白質，存在毛髮或指甲裡）。人的身體外層唯一能讓人吃下肚的大概只有表皮，只要泡在水裡一段時間，有些表皮就會脫落。讓表皮放著腐爛幾天，營養價值可能會更高，因為經過細菌的作用，表皮可以變得更柔軟、更容易消化。祝你吃得愉快！

瓊・瑞奇菲爾德

來自南菲，西薩莫塞特

■ ✋ ■ ✋ ✋

　　挨餓的時候，身體會開始消耗體內保存的脂肪，這種「吃」的方法更有效率，等到脂肪也消耗光了，身體就會開始消耗肌肉組織。

　　透過動手術的方式來獲取可以吃的身體組織，只會讓受餓虛弱的身體受到更大的創傷。切下身體某些部分來吃只會降低你的生存機會，畢竟這時身體會啟動自我修復機制，反而需要更多能量。

　　吃進自己的排泄物，比如喝下自己的尿，只怕會造成更大的問題。如果為了求生非得喝尿不可，記得先蒸餾一下，畢竟身體虛弱時一定會產生很多問題，這時候喝下受到重重污染的尿液恐怕無法延長你的壽命。

比莫（Bimmo）

email 來信解答，郵件地址未提供

■ ✋ ✋ ■ ✋

我實在很猶豫要不要提供這個建議，但是既然連耳屎都已經成為選項（就算耳屎夠營養，就量來說也不夠吃），而且為了避免渴死，你連尿都願意喝的時候，對噁心的感受力可能也已經大大降低，既然如此，我可以提議吃糞便嗎？

　　糞便的主要成份是許多腸道細菌的屍體，所以糞便含有大量良好的蛋白質。雖然氣味難聞，但是顯然只要捏著鼻子就能吃得下去。我不認為吃自己的糞便會讓人生大病，除非來源為病人，比如說：肝炎患者的糞便，才有可能生病。同樣的，雖然大腸桿菌也有很凶猛的類型，但是如果你體內的大腸桿菌這麼凶猛，你早就已經病啦！為了「安全」起見，你可以把糞便拿去煮，讓糞便內部的溫度達到攝氏七十度，這樣一來不管什麼大腸桿菌都活不下去了。

　　基於許多顯而易見的原因，除非面臨生死存亡的關頭，我建議各位在吃糞之前找專家諮詢一番。而且記得要早點開始收集糞便，畢竟當你吃不多的時候，拉出來的只會更少。

email 來信解答，姓名及郵件地址未提供

Q⁰²⁷ | 為什麼能看見眼睛裡的血管？

在厚紙板上鑽個小洞，眼睛貼近這個洞朝著多雲的天空看，同時一邊旋轉厚紙板，可以看見視網膜上微血管分布的網絡，為什麼會這樣？

周讀漢（Doohan Cho）

來自南韓，首爾

A:

這個迷人的現象稱爲柏金氏陰影（Purkinje shadow），以捷克生理學家暨神經學家詹・艾凡傑里斯塔・柏金（Johann Evangelist Purkinje）的名字來命名。

光線要進入人眼中的光感受器之前，要先穿過所有的神經纖維和血管。如此古怪的設計代表血管會在你的眼睛後方投射出陰影，所以當你透過一個正在旋轉的小洞往外看，就會看見眼睛裡的微血管。當然了，偉大的造物主絕對不會在每一種生物身上都犯這樣的錯誤。烏賊的眼睛設計就和人眼相反，也許在神秘的造物主眼裡，頭足類動物是比人類還高等的生物。

我們之所以不會經常看見血管的投影，是因爲人眼無法暫存靜止的影像。我們能看見雕像或靜物，是因爲眼睛不斷進行細微的動作，確保這些靜物的影像持續以動態的方式通過視網膜。利用精密動眼追蹤儀器，可以追蹤出眼睛是如何透過投射在視網膜上一個個靜止的影像，來維持我們看到的整體畫面。當你的眼

睛專注在一個定點，影像穩定下來時，在這影像外不變的視野會開始消逝，這就是所謂特克斯勒消失效應（Troxler's fading）（對靜止的物體，人眼的視覺神經元會調整運動的頻率、減少反應，造成神經適應。由於視神經不再對靜止物體產生反應，該物體便會漸漸從我們的視野中消失。也因此眼睛專注在定點時，眼球運動會減少、變慢，除了我們專注凝視的定點，視野中靜止的物體或畫面會變得模糊，甚至消失）。由此可見，如果我們的眼睛完全靜止下來，那我們就無法眼觀八方，幾乎跟瞎子沒兩樣了。很聰明的設計吧？因為血管也是眼睛的一部分，所以會隨著眼睛移動（也就是說，對感光細胞而言，血管其實算是靜止的），通常我們不會看見眼睛裡的血管。

　　在我們瞳孔前面旋轉的小孔，會不斷改變光線抵達眼底的角度，因此相對於視網膜而言，這時血管「動」了起來，你就看得見它們了。另外，想要看見眼睛裡的血管，還有一個更好的方法：利用鋼筆式手電筒照著眼白的部分（不過要小心別戳到眼睛！）

伊恩‧富力特克洛夫特（Ian Flitcroft）

來自愛爾蘭，都柏林，眼科諮詢醫師

Q⁰²⁸ | 為什麼吃飽飯後不能游泳？

我認識的每個人小時候都曾被大人告誡飯後一小時內不可以游泳，為什麼？

路易斯·康特（Louis Counter）

來自英國薩里，克洛敦

許多讀者來信表示這根本是毫無根據的無稽之談，雖然啦，就我們對生理學的了解，答案並不像大家說的那樣。有些讀者提到，馬拉松選手在賽前會進行醣類增補（carbohydrates loading），代表即使間隔時間很短，人體依然可以應付進食和運動這兩件事。但問題是，間隔的時間能多短呢？看看瓊·瑞奇菲爾德的答案吧。

——— 永遠拿馬拉松大賽參加獎第一名的編輯

A:

我念書的日子幾乎都在游泳，日常生活也沒有受到什麼影響。我經常在大吃一頓之後跳進游泳池，就算偶爾延長游泳時間，游的過程和結束後也沒有特別的感受。不過，如果是飯後長泳，我會感覺剛吃進的食物似乎在往上湧，很不舒服，如果是吃了醃漬品，那感覺更難受。也可能是因為游自由式（捷式）的時

候，肩部旋轉之前必須先側身扭轉腹部的關係。改游蝶式也沒有比較好，那感覺就像吃完飯之後接著做快速的仰臥起坐。此外，飯後游泳效率肯定比較差，泳速也會慢很多，不過很多人說的飯後游泳會抽筋，這我倒是沒有經歷過。

Email 來信解答，姓名地址未提供

■👍■👍■👍

　　看看每年夏天兒童池裡那些剛吃飽就開始喧鬧嬉戲的孩子，非常明顯的，現在已經沒有多少人認真看待這樣的告誡。不過，人體確實能夠快速做出反應，去面對同時運動和消化帶來的挑戰。不管是運動或消化都需要消耗能量，把能量集中在特定的功能上：我們需要大量的血液處理食物消化、運送腸道中的食物，於是，在吃得飽飽時運動，我們就必須去搶原本供給消化之用，負責運送氧氣和能量的血液。

　　在正常狀況下，吃飽飯人體會變得遲鈍。這時如果要進行激烈運動，人體會以為遇到了緊急狀況，所以可能會引發嘔吐來減少身體的負擔。

　　職業弄蛇人就發現，動物遇到壓力的時候，有可能會把最近吃的食物吐出來。接受軍事訓練的士兵，在經過劇烈操兵之後，也常常把消化到一半的早餐吐在路邊。

　　此外，之所以會有飯後不能游泳這種說法還可能是因為：運動和消化都需要大量的血液，所以對容易暈厥的人來說，這是非常危險的舉動。總而言之，為什麼要冒著嘔吐的風險從事劇烈運動，而不願意等一會兒呢？胃能吸收的食物很少，而且充滿食

物的胃只會對運動造成阻礙。等食物進入小腸之後，讓人體在一邊吸收養分的同時，又能提供你豐沛的體力，何樂而不爲呢？

瓊・瑞奇菲爾德

來自南菲，西薩莫塞特

Q⁰²⁹ | 為什麼人體的細胞會聚集在一起？

為什麼人體的細胞會聚集在一起而不是四處散落？

麥坎錫・吉勃森（Mckenzie Gibson）

來自英國，格拉斯哥

A:

人體的細胞排列成組織，組織又透過各種分子作用聚集在一起。此外，細胞之間也有交互作用，透過各種具有黏性的分子，如鈣黏蛋白、神經元黏著分子和細胞間黏著分子。這些分子分布在細胞表面，固著在每個細胞的細胞骨架上，如此一來可以穩定並強化細胞間的交互作用。

話說回來，人體組織並不是只有細胞，還包含巨分子之間形成的複雜網絡，也就是所謂的細胞外基質，細胞外基質主成分來自鄰近纖維母細胞產生的各種多醣類和蛋白質，可以支撐細胞結構。

這些巨分子結合成有井然有序的網孔平面，根據成分比例的不同，可以適應各種不同的細胞型態和特定的功能需求。舉

例來說，細胞外基質可以因應骨頭和牙齒細胞的型態鈣化且變硬；可以因應角膜細胞的型態而變得透明；也可以因應肌腱細胞的型態變得強韌有彈性。這些細胞外基質的特性主要由形成纖維的蛋白質來決定，像是具有結構性的膠原蛋白和彈性蛋白，或是具有黏著性的纖黏連蛋白和層黏蛋白。

細胞藉著組合蛋白這種固著在細胞骨架上的表面受體，黏附在細胞外基質組成的複雜結構上。雖然細胞表面有許多密集分布的組合蛋白，然而組合蛋白和細胞外基質親和性卻相對較低。正因為這樣，細胞既可以在細胞外基質間移動，又不會完全失去附著力，細胞外基質可說是一種用途相當靈活的黏膠。

然而，組合蛋白和和細胞外基質之間的交互作用不僅僅是固著細胞的位置而已，還有更深層的目的。組合蛋白就像觸角一樣，可以傳遞訊息給細胞，讓細胞知道如何適應周遭的微環境，同時還能影響細胞的形狀、動作和功能。

當然，人體裡還是有自由散落的細胞。這些細胞是血液的組成成分：紅血球、白血球和血小板通常懸浮在血液裡，運送氧氣給身體組織，並且持續注意是否有外來微生物入侵以及人體的傷口狀況。需要時，這些細胞可以黏附在其他細胞或組織上。舉個例子，當血小板發現人體有傷口，此時會活化血小板上的組合蛋白，黏附在血管的纖維蛋白原上，於是血小板開始不斷聚集，形成凝塊，阻止傷口繼續流血。

愛蓮娜‧潘斯（Alena Pance）

來自英國，劍橋大學生物化學系

Q⁰³⁰ | 為什麼不會有同時被碰兩次的感覺呢？

用手指輕拍鼻子一下，就只會有一次被觸碰的感覺，但是鼻子的感覺神經距離大腦只有幾公分，而指尖的感覺神經還要經過我的手臂和肩膀才能回傳到大腦，要相隔將近一公尺的距離。為什麼不會產生兩次被觸碰的感覺呢？這是大腦設計的幻覺？還是大腦沒辦法分辨兩個時間間隔這麼近的觸摸？誰能解釋解釋？

吉歐夫・藍恩（Geoff Lane）

來自英國蘭開郡，柏立

A:

其實你還是會產生兩次觸覺，一次是你的手指碰觸你的鼻子，一次是鼻子碰觸你的手指。你之所以會有「只碰了一次」這樣的幻覺，是因為你指尖上的感覺受體比鼻子上多了很多，在各方面也比較敏感。另外，建議你上網查一下「感覺侏儒（Somatosensory Homunculus）」（由於身體各部位的感覺接受器密度不同，大腦皮質對應身體各部位感覺的面積也不同。根據接受器密度的比例重塑人體的話，會得到頭、手巨大，厚唇而身體小、腳細瘦的人體模型，這個身體模型說明了大腦皮質有多大程度關注人體這些部位，被關注越多的部位體積越大，感覺越敏銳。順帶一提，每個人的「感覺

侏儒」都長得不一樣）。

如果你碰傷了腳趾頭，第一件事一定是用手指抓著受傷的部分，看看有沒有怎樣。你之所以會用手指是因為比起受傷的部位，手指能傳達更準確的資訊，讓你判斷傷勢如何。

所以說，其實你的確會有兩次觸覺，只是你的大腦選擇忽略鼻子上的感覺刺激，因為它能夠傳達的資訊比較少。

羅伊・杭特（Roy Hunter）

來自英國斯特拉思克萊德，赫倫斯堡

■♘■♗■♘

多虧了大腦內部有處理不同時間接收資訊的能力，所以大腦很能應付時間差這檔子事，正因為如此，有時候我們很難感覺到時間差的存在。大腦似乎是把我們接收到的感覺刺激和想法打上時間標記，雖然沒有人確切知道大腦究竟是怎麼做到的。

此外，和他人互動的時候，你必須對尚未聽到、看到或感覺到的事物做出預測，合唱就是個好例子：在聽到其他人唱出音符前，你就必須先唱出來，不過你會相信想法和行動可以一致。

針對大腦反應時間設計實驗，結果顯示：像唱出特定音符這樣的事情，在你決定要不要唱之前，大腦老早就已經開始思考和計畫了。大腦先為這個想法安了一個時間標記，讓你以為你的想法、計畫和執行是同時發生的。

想要證實這一點還挺費勁的。想想，那可是要證明當你唱歌時，嘴巴和喉嚨有動作之前，你得先唱出你要唱的歌詞耶！

好啦好啦，我知道，不管怎樣，最後你還是會堅持：「這些事是
同時發生的！」

克里斯多夫‧奎達克（Christopher Cradock）

來自英國牛津，比士特

Q⁰³¹ | 為什麼有時候手腳會刺刺麻麻的？

為什麼我們有時候會有刺麻感啊？尤其是手臂和
腿。有這種感覺的時候，身體究竟裡發生了什麼事？

庫納‧帕特爾

來自英國，倫敦

A:

這種刺麻感稱為「感覺異常（Paraesthesia）」，造成這種狀
況的原因有許多。最常見的原因是感覺神經受到直接壓迫，抑
制了神經傳導感覺訊息到大腦的能力，通常會發生在位於骨頭
上方，接近體表的神經。舉例來說，通過手肘的尺骨神經如果
受到壓迫，會引起手部的刺麻感。這也是為什麼有人起床之後
會覺得手麻痛，因為睡覺時會壓迫到手的周邊神經。

當血漿鈣含量出現異常，或感覺神經受影響時，也會引起
刺麻感，不過這種狀況比較少見。甲狀腺手術過後的病人，有
時會出現鈣含量降低的情形，典型的症狀就是手部出現刺麻感。

換氣過度也會引起這種感覺，因為血液鹼性提高，使鈣進入細胞內，造成血漿的鈣含量減少。足部出現刺麻感可能是因為糖尿病沒有控制好，致使神經受損的徵兆。

其他造成刺麻感的原因還包括神經性問題，像是中風或是多發性硬化症。簡言之，當神經功能受到損害，就會引起刺麻感。

大衛・安德森（David Anderson）

來自紐西蘭哈斯丁，和克灣地方醫院

■👍■👍■👍

所謂感覺異常指的是許多不正常的感覺，刺麻感就是其中一種。短暫的感覺異常，指的是暫時性的刺痛感或麻痺感，不會帶來顯著的長期影響。

通常在很極端的狀況下，人們才會產生這種感覺，而且往往是因為缺乏血流供應，或者不慎壓迫到表面神經。舉個例子，如果你採用跪坐姿，這時身體的重量會限制下肢的血流供應，神經接收不到血液傳輸的氧氣，因此開始向腦部發出不正常的訊號，導致足部或下肢產生刺麻感。只要你移動或改變姿勢，解除了神經的壓迫，刺麻感就會逐漸消退。

此外，也有慢性的感覺異常，像是血液循環不良的老年人。此外，病理原因也有可能導致感覺異常，例如動脈硬化或末梢血管疾病。人體的血流供應一旦變少，營養物質也會跟著變少，神經細胞便無法發揮正常功能。這也就是為什麼營養不良、糖尿病及甲狀腺機能不足等代謝異常的病症，也有可能引發感覺異常。

86

你
知
道
嗎
？
人
體
的
秘
密
？

說到這，組織發炎時也會干擾通過該組織的神經，造成感覺異常。像是腕隧道症候群（俗稱「滑鼠手」，好發於長期使用腕部的工作者）和風濕性關節炎。有時候，慢性的感覺異常是神經功能障礙的徵兆，如運動神經元疾病或多發性硬化症。

馬蘭妮・特瑞凱特（Melanie Trickett）

來自英國，布里斯托

Q⁰³² | 死人會長頭髮和指甲嗎？

為什麼人死後頭髮和指甲會繼續生長？死了就是死了，人體怎麼會繼續產生細胞呢？

夏農・史密斯（Shannon Smith）

來自百慕達

A:

這件問題的解答當我還是大學新鮮人的時候就知道了。念醫學院的第一年，我們就與未來兩年要供我們解剖的大體老師打過照面。所有的大體老師指甲都有點長，頭髮被理成小平頭。我們一開始猜想，是因為存放的環境造成大體老師繼續長頭髮和指甲，不過解剖學老師向我們保證，死人的指甲和頭髮不會

生長，會發生這種現象，是因爲指甲和頭髮周遭的組織乾涸後會皺縮，遠離甲床和毛幹，所以看起來好像長長了。

大衛・波夕爾（David Pothier）

來自英國，布里斯托

■👍■👍■👍

　　這可是《西線無戰事》的作者埃里希・馬利亞・雷馬克（Erich Maria Remarque）拋出的謎團呢！書中十九歲的保羅・鮑默爾（Paul Bäumer）的朋友克梅里希（Kemmerich）因爲壞疽病而死，他如是寫道：「我驚訝的發現克梅里希死後，他的指甲竟然繼續生長，彷彿是生長在地窖裡細長的植物。我看著眼前的景象，他的指甲扭曲著，看起來就像拔塞器，不斷長啊長⋯⋯而他逐漸腐敗的頭顱上，那頭髮就像生長在肥沃土壤上的青草⋯⋯」

　　如果我的答案讓誰失望了，在這裡先說聲抱歉，不過人死後頭髮和指甲是不會繼續生長的。因爲死後人體會開始脫水，皮膚皺縮變緊，造成頭髮和指甲會繼續生長的幻覺。順帶一提，葬儀社人員會在遺體上塗抹保濕乳液，減緩這個狀況。

理查・西德爾（Richard Siddal）

來自英國密德瑟斯，哈絡

■👍■👍■👍

　　相信人死後指甲和頭髮會繼續生長，是一個常見的誤會。曾有一位謀殺罪定讞的凶手，向我們學校圖書館的諮詢處索取

這種現象的相關文獻。他想藉著人死後頭髮和指甲的生長狀況，對犯行的時間點提出質疑，進而證明自己的清白。可惜，目前沒有科學證據證明這種狀況真的存在，實在愛莫能助。

巴貝爾‧薛佛（Baerbel Schaefer）

來自德國，馬爾堡大學圖書館

Q⁰³³ | 如果中了讓心跳停止的毒，心律調節器能保命嗎？

如果我中了一種會讓心跳停止的毒，心律調節器能保我性命嗎？

馬克‧羅尼（Mark Rowney）

Email 來信提問，地址未提供

A：

這得看狀況。能夠影響心臟收縮的藥物，要不是影響觸發心跳的特殊神經傳導路徑，要不就是影響心肌產生收縮力的能力。以前者來說，就算心臟本身的活動被抑制，心律調節器還是能刺激心臟收縮；如果是後者，藥物一旦影響心肌收縮的能力，就算你裝了心律調節器，也無法讓心臟保持跳動。心臟麻痺（Cardioplegia）是一種開心手術時用來讓心臟癱瘓的技術，就是

用藥物來阻止心肌收縮。心跳停止後，外科醫生可以進行繞道手術或替換心臟瓣膜。心臟麻痺結束後，心肌又能恢復收縮。

拉菲‧錢柏林—韋伯（Rafe Chamberlain-Webber）

來自英國格洛斯特郡，艾吉，心臟科醫師

Q⁰³⁴ | 為什麼躺在床上睡不著，一坐上車就打呼？

我有夜間失眠的問題，通常要花兩個小時的時間才能有點睡意。但是當我坐車、坐公車或火車旅行的時候，我發現自己只要幾分鐘就能入睡，而且常是不自覺的就睡著，就算聽著音樂也一樣。但是下車後，我打算上床好好睡一覺的時候，卻怎麼也睡不著。為什麼躺在床上這麼一個平靜、放鬆又舒適的環境反而比較難入睡呢？

艾倫‧戈德福瑞（Alan Godfrey）

來自英國赫特福郡，巴內特

A:

我也有這種「哪裡都能睡，就是躺在床上睡不著」的症頭。我的結論是這大部分跟我的思考狀態有關。旅行的時候，嘈雜

Do Polar Bears
Get Lonely? **89**

的噪音和溫暖的空氣可以幫助培養睡意，而且你通常沒有特定的事情要做。然而，當你躺在床上的時候，沒有外在讓你分心的因素，腦袋就會開始認真思考事情，再加上看著時間已經過了午夜的焦躁，心想：「今晚又要睡不飽了！」這些都讓我更睡不著。

後來，我發現讓自己分心很有幫助，不要進行分析性、邏輯性的思考，想想那些無所謂的平和畫面尤其有效。我個人最喜歡想像自己飛上青天的畫面，就只是在天上飛啊飛，欣賞風景。用了幾次這個方法以後，我發現我變得沒那麼焦慮了，現在就算不用這招，我通常也可以輕易入睡。碰上那些真睡不著的夜晚，還有另外一招：起床活動活動，然後再回床上睡覺。

附帶一提，我還發現睡前使用電腦會讓你更難入睡。

理查・湯瑪斯（Richard Thomas）

來自美國田納西州，狄克遜

■♨■♨■♨

我終於找到知音了！我之所以睡不著，就是因為老是想東想西。要叫大腦停止思考還真的挺困難的，而且經過漫長的一天，上床睡覺是我唯一不需要做事的時間，這種時候我才能靜下心。不過很遺憾的，我的一顆心不肯休息、浮想連篇，而腦子也只好逕自運行著，亂紛紛的想著一堆事。

當我坐車外出旅行的時候，情況則完全相反。我發現長途旅行，沒有人跟我說話的時候（因為我通常都在聽音樂），特別容易睡著。持續震動的車身讓人安心，鄉村風景在眼前快速掠

過，加上前幾晚都沒睡好而累積的疲勞感，這些會讓我快速陷入夢鄉。我想，這就像嬰兒要人搖啊搖的才能入睡吧！這時我的大腦沒有思考任何事情，就只是接收著眼前的鄉間景色。

有人告訴我，想要解決這種睡不著的困擾，白天得做些激烈的運動，等到了上床睡覺的時候你已經精疲力竭，希望這樣可以讓你快點睡著。不過，這方法也提醒了我們，在坐車的時候因為身體沒有那麼累，我們其實不那麼容易打瞌睡。

如果你只擔心在車上睡著的問題，可以試著打開車窗或找人聊天，藉此讓自己維持清醒機警的狀態，雖然說啦，我自己是寧可睡覺，畢竟這簡單多了。

詹姆士・列（James Ley）

來自澳洲，墨爾本

■☝■☝■☝

躺在床上睡不著實在是太簡單的事情，而且通常還會伴隨著「今晚又要睡不好」的恐懼，這代表你早就預想好了關了燈之後得花好幾個小時才能入睡的慘況。在床以外的地方入睡，打破了你想到「睡覺」就想到「睡不著」這樣的連結，可以讓你的大腦發展出床和睡眠之間的良好關係。

說真格的，如果你睡不著，那又何必上床躺著？別管時間幾點，也別擔心要花上七、八個小時才能睡著，反正最糟糕的狀況也不過就是明天會有點累。而且，就算明天會有點累也不見得是壞事，因為那天晚上你可能會睡得更好呢！不過有一點倒是要注意，那就是如果你有失眠的症頭，白天小睡超過十五

分鐘可能會讓你晚上更難睡著。

像火車這樣的交通工具，會發出非常低頻，人耳根本聽不見的嗡嗡聲，也就是所謂的超低頻音，讓許多人覺得放鬆想睡。當車輪行駛路面或鐵軌時，則會發出超低頻音和其他共鳴，這也是爲什麼你會覺得坐車旅行比躺在床上還容易睡著。

假如晚上在床上躺了二十分鐘還睡不著，這時候該怎麼辦？你就離開臥室到另一個房間去專心做點事吧！拼圖是個不錯的選擇，這聽來也許很荒謬，但總比你在床上焦慮煩惱來得好。舉個例子來說，當你尋找藍天背景的拼圖塊時，必須集中注意力，腦子不會去想其他事情，到最後你會覺得眼皮沉重，這時候就可以回到床上了。

如果你睡不著，決定起床做點其他事情，有幾點要特別注意。第一，不要打開螢光燈或其他明亮的燈具。太亮會讓你太過清醒，拼拼圖的時候只要打開桌燈就好。第二，你得避免閱讀、看電視或聽收音機，因爲一旦你沉浸在過度刺激大腦的劇情裡，就更容易讓你回到想東想西的狀態。

吉姆・洪恩（Jim Horne）

來自英國列斯特郡，勒夫波羅大學睡眠研究中心

吉姆・洪恩（Jim Horne）著有《失眠：探究睡眠的科學旅程》（*Sleepfaring: A journey through the science of sleep*）一書，由牛津大學出版社出版。
———————— 到哪都能睡歪歪的睡神・編輯

Q^{035} | 為什麼我們的胃能消化牛的胃？

既然瘤胃（反芻動物的第一個胃）是牛和其他動物的胃黏膜，人類怎麼能消化這種東西？正常的消化過程應該無法分解胃黏膜才對啊！如果瘤胃可以被消化，又怎能算是具有保護性的胃黏膜呢？

艾迪爾‧胡珊（Adil Hussain）

來自英國，伯明罕

A:

我們的消化液之所以可以消化瘤胃，那是因為當瘤胃離開動物體之後，就失去了它原有的保護功能。瘤胃進入我們的消化道後，會先被胃酸，也就是膜壁細胞產生的鹽酸，以及胃蛋白酶分解。

要不是因為有杯狀細胞分泌一層富含重碳酸鹽的厚黏膜，包覆我們的胃壁，胃酸也能分解我們自己的胃黏膜。重碳酸鹽是鹼性物質，所以可以中和膜壁細胞分泌的胃酸。如果少了持續分泌的重碳酸鹽，你的胃也會被自己的消化液分解。

偶爾，胃酸也會接觸到胃黏膜，造成胃潰瘍。過去一般認為胃潰瘍主要都是因為胃酸引起的，不過現在我們知道，其實胃潰瘍得怪幽門螺旋桿菌，而且服用阿斯匹靈這類的藥物只會讓情況更糟。幽門螺旋桿菌能夠分泌酵素中和胃酸，所以可以

存活在胃酸中，它們會減弱胃壁和十二指腸黏膜的保護能力，使胃酸能夠接觸到黏膜下方的胃壁。

列·法瑞納（Leigh Farina）

來自英國，劍橋

■♙■♙■♙

這個問題的答案，有一部分要從瘤胃其實是反芻動物的前胃，也就是所謂的反芻胃說起。瘤胃並不像人體唯一又簡單的那個胃一樣會分泌消化液。牛的食物是草和其他秣料，這種食物含有大量纖維素，而哺乳類動物分泌的酵素無法消化纖維素，於是反芻動物就演化出結構複雜的胃，讓共生菌來消化纖維素。

牛胃的前三個腔室裡含有細菌、原生動物和真菌。這些生物可以讓植物細胞發酵產生揮發性脂肪酸，接著由肝把揮發性脂肪酸轉換成糖類和其他產生能量、生長發育和泌乳所需的物質。牛吃進的食物必須先在反芻胃裡經過循環、研磨之後，牛才能吸收揮發性脂肪酸。所以反芻胃其實是肌肉組成的器官，具有上皮層，結構強韌又能夠吸收揮發性脂肪酸。對人類而言，具有上皮層和下方提供支撐的肌肉層的瘤胃，是一種很營養的食物。

胃潰瘍證明了胃真的具有消化自己的能力。唯一能夠保護胃不受消化液攻擊的，就只有一層既完整又強韌、含有不斷分泌的重碳酸鹽黏膜。動物死後，這層黏膜不復存在，這時胃裡充滿酸性物質，胃壁就會變得非常脆弱、容易腐蝕。

伊恩·傑夫寇特（Ian Jeffcoate）

來自英國格拉斯哥，格拉斯哥大學獸醫學院

瘤胃只有一側具有胃黏膜，至於另一側就很容易被胃酸攻擊、消化。另外，咀嚼也會破壞瘤胃的結構，讓瘤胃接觸酵素。因爲瘤胃是已經死亡的組織，所以不具備有效的修復功能。活體生物裡有許多能夠抵抗消化並具有自我修復功能的組織，不過瘤胃跟這些組織一樣，烹煮會破壞它們結構的完整性。

理查‧盧卡斯（Richard Lucas）

來自英國漢普郡

Q⁰³⁶ | 換血手術有可能誤導DNA檢驗嗎？

如果我在進行全血換血手術的隔天就犯罪，而且還在犯罪現場留下我的血跡，法醫能在血跡中偵測到我的DNA嗎？或者他們分析了之後只會一頭霧水？我在這裡發誓：雖然問這個問題，但我並不認為犯罪是對的，也不打算犯罪。

馬克‧布萊克摩（Mark Blackmore）

來自英國，曼徹斯特

A:

血液由三種細胞組成：紅血球、白血球和血小板。其中，只有白血球是具有細胞核和DNA的完整細胞。捐血的時候，這

三種細胞通常會被分開，而用來進行全身換血手術的，只有發育過程中失去了粒線體和核DNA的紅血球。

就算徹底換了血，把受血者的血全部抽光，注入捐血者的血，在犯罪現場也不會留下捐血者的DNA，因為白血球是不在血流裡的，全身換血過後一天，受血者的血液中會有許多自己的白血球細胞，所以還是可以鑑定出誰才是真兇。

換血過程中鮮少使用全血，一旦使用全血，受血者的免疫系統會攻擊捐血者的白血球，隔天在犯罪現場留下的血跡裡，捐血者的DNA就很有可能毫無殘留。

對了，骨髓移植是唯一的例外，會讓他人DNA取代自己的DNA。移植的幹細胞增殖後，受贈者的血液中會充滿了捐贈者的DNA，因為自己的骨隨已經失去作用，所以受贈者體內幾乎不會有自身的DNA，這確實有可能影響犯罪證據。

另外還有個簡單的方式，可以讓精通犯罪的高手擺脫警方。

如果凶手手上有別人的血液樣本，就可以用來取代自己的血液證據了。看兇手想找誰來當替罪羔羊，就可以利用不具名人士捐贈的紅血球細胞，混合從替罪羔羊頭髮中增幅出來的DNA，製造出有如血跡的疑陣。

講了這麼多，其實把公眾場合菸灰缸裡撿來的菸蒂刻意留在犯案現場，就是混淆檢警最簡單的方法。

伊恩‧富力特勒洛夫特（Ian Flitcroft）

來自愛爾蘭都柏林，慈悲醫院

■♦■♦■

全血換血代表受血者的血液要百分之百被換掉，這是不可能的事情。就算是拯救生病新生兒所使用的交換輸血，也只能置換病人百分之六十的血液。如果提問者接受了交換輸血又在犯案現場留下血跡，血跡裡肯定還是會有自己的DNA。

還有一個更有趣的問題：既然是換血手術過後隔天就犯案，那血跡裡究竟會不會含有捐血者的DNA？可能不會。剛換完血的凶手在犯案現場留下的血跡，確實可能含有捐血者的血液，不過紅血球不具有細胞核。

白血球細胞含有DNA，但是當溫度降至攝氏四度的時候就無法存活，而這個溫度正是紅血球的標準儲存溫度，所以換血手術使用的血液白血球數量相對較少，到了輸血的時候，它們幾乎已經全死光了。

所以結論是：換血手術的隔天，你的體內不會有任何捐血者的白血球，不會有別人的DNA。

尼可拉斯‧施列特（Nicolas Slater）

來自英國倫敦，血液科醫師

Q⁰³⁷ | 為什麼肚子附近的水溫比較低？

當我走入海中或是泡在戶外游泳池的時候，為什麼總是覺得肚子附近的水溫比較低？

馬利翁・荷登（Marion Hurden）

來自英國薩里，班斯台

A:

當我們覺得冷或熱的時候，其實是在感受自身和其他物體之間的溫差。拿三個水桶，各注買冰水、溫水、熱水（不用太燙）。接著同時把你的左手放入冰水桶，右手放入熱水桶，三十秒之後，再把你的雙手放進溫水桶。這時你冷冰冰的左手會覺得溫水很燙，熱呼呼的右手則會覺得溫水很冰。

這就跟提問者提到的狀況一樣，提問者覺得肚子和海水之間的溫差比腿和海水之間的溫差大，所以提問者的問題應該這樣問：「為什麼肚子的溫度比腿高？」

我認為，造成溫差的原因如下：腸胃消化食物的時候會產生熱能，而且消化過程會維持很長一段時間，正因為如此，當你泡在海水裡的時候，才會覺得肚子附近的海水最冰，因為肚子那邊的皮膚維持著比較高的溫度。

歐娜・格里菲斯（Oonagh Griffith）

來自英國安特令，利斯伯恩

當我們泡進海水的時候，有兩個因素會影響我們對溫度的感覺。首先，皮膚的溫度比身體的核心（也就是軀幹裡的內臟，像是心臟、肝臟和胃）溫度低。因為人體溫暖的血液流經冰涼的皮膚，藉此散熱。

其次，人體四肢的溫度通常會比軀幹低。因為人體會進行逆流熱交換，避免喪失體溫。把血液運往四肢血液的動脈，和把血液運離四肢的靜脈兩者靠得很近，因此離開四肢流往心臟的靜脈血，會被流向四肢的動脈血溫暖，如此一來就防止了熱向體外散失（靜脈血帶著自動脈血那裡來的溫度流回心臟），同時也降低肢體末端的溫度（流向四肢的動脈血溫度因流經的靜脈血而下降）。也就是說，我們四肢的溫度通常一定比軀幹皮膚的溫度低。

以上這兩個因素導致你浸在海裡玩的時候，會特別覺得肚子那裡冰冰的。附帶一提，比起赤裸裸泡進海水裡，穿泳衣會讓肚子變得溫暖一點。皮膚與海水之間的溫差越大，你會越覺得不舒服。

彼得・波茲騰（Peter Bursztyn）

來自加拿大安大略省

有幾位男性讀者來信表示，睪丸碰到冰冷海水的感覺，才真的是大家無法想像的慘烈。這一點倒是很奇怪，畢竟睪丸表面的溫度比腹部低，和海水之間的溫差應該比較小。不過，我們的珍寶生殖器官上密布許多感覺神經，也許皮膚與海水之間的溫差大不大只是冰山一角的問題。

———————— 明明沒吃冰卻打冷顫的編輯

Q⁰³⁸ | 為什麼喝了配方奶的嬰兒大便比較臭？

只喝母奶的寶寶大出來的糞便幾乎沒有味道，然而一旦喝了配方奶……你馬上就會知道什麼叫做讓人想逃出房間的臭了。嬰兒配方奶裡究竟是哪種成分造就了這種……有趣的現象呢？

托魯・阿金諾拉（Tolu Akinola）

來自美國，德州

A:

比起以牛奶為基底，主要以酪蛋白為主的配方奶，寶寶可以輕鬆消化母奶裡的蛋白質（主要是乳白蛋白）和脂肪，因此喝母奶的寶寶排出的糞便會比較不臭。然而，母奶有讓人稍微拉肚子的效果，所以幫喝母奶的寶寶換尿布的時候，你會發現他們的「產量」驚人——事情總是有一好沒兩好，很有趣吧？

如果你現在就覺得打開配方奶寶寶的尿布就想逃，先別急著說你已經難以忍受那氣味，等到小孩長得夠大，開始吃肉以後再說吧。為了逃避幫女兒換尿布，我和我老公現在總是玩著一種微妙的遊戲，輪流使用假裝沒聞到、突然有急事以及裝睡等等招數，看誰會先受不了自投屎臭深淵。

跟幼兒的尿布比起來，嬰兒的尿布氣味眞是怡人啊！管他是喝母奶還是配方奶。

蕾貝卡‧羅斯（Rebecca Rose）

來自澳洲昆士蘭，邦亞

■♻■♻■♻

身爲新手媽媽，我也問過自己這個問題。因爲我女兒喝母奶，她的尿布不怎麼臭，而我好友群中讓寶寶喝配方奶的媽媽，全都在抱怨小孩的尿布有多臭。

以下是我的發現，主要是來是我婆婆的觀察，她是一位哺乳顧問師。

寶寶喝母奶，在演化上的意義是爲了能最有效率的吸收營養，母乳就是爲寶寶量身訂做的食物，出生一年內的寶寶無時無刻都在變化。

多數配方奶都以牛奶爲基底，和人類的母奶有許多差異。牛奶含有更多不同類型的蛋白質、脂肪，以及鋁、鎂、鎘和鐵等元素。

母奶是母體自然而然隨著寶寶年紀增長專門調配的食物，然而配方奶則必須綜合不同年紀寶寶的需求，調配出平均的配方。所以，舉個例子來說，一週大的寶寶獲得的養分跟一歲大的寶寶一樣。正因爲如此，配方奶含有的脂肪和蛋白質，大多數無法被寶寶吸收，會隨著糞便排出來，這是造成臭味的原因之一。另外一個原因，則是配方奶裡添加的鐵質（也是配方奶寶寶經常便秘的原因）。鐵質很難被寶寶吸收，爲了讓他們獲得足夠的量，配方奶裡需要添加大量的鐵質，沒被吸收的大部分

鐵質也和那些沒被吸收的蛋白質一樣，就這樣被排了出來。

喝母奶的寶寶幾乎是可以完全吸收喝進體內的母奶，而且也不太會便秘。他們糞便的成分大多是水，而且所含的蛋白質、脂肪和微量元素都很少。喝配方奶的寶寶排出的糞便裡，則會有許多無法吸收的脂肪、蛋白質和營養物質，所以他們的糞便會比較臭。

裘・瑞斯尼克（Jo Resnick）

來自美國馬里蘭，洛克維

Q^{039} | 身材勻稱的人爬山會消耗比較少熱量嗎？

今天，我去爬山了。以前爬這座山總是讓我滿身大汗、氣喘如牛，不過現在我的身材勻稱多了，體重也輕了不少，因此爬這座山變得輕鬆許多。如果有兩個體重相同但身材勻稱度不一樣的人，用相同的速度一起爬山，身材比較勻稱的人燃燒的卡路里會比較少嗎？

埃利諾・史天騰（Eleanor Stanton）

來自紐西蘭，奧克蘭

A：

你無法擺脫熱力學，不管是人類的肌肉骨骼還是循環系統，

都擺脫不了熱力學。只要運動的速率固定，不管你是走路、跑步或爬山，體重相同的兩個人，只要他們有相似的生物力學效率（Mechanical efficiency）和新陳代謝率（容後再提），就會消耗一樣的能量。相同的運動量就需要消耗相同的能量，所以不管身材勻不勻稱，都會消耗相同的卡路里（也就是國際單位制所指的「焦耳」）來做相同的運動。再說一次，前提是這兩人有相同的生物力學效率和新陳代謝率。

要從走路和跑步這兩項運動來說明這一點有點難，因為姿態在這兩項運動中扮演重要的角色。身材較勻稱的人通常會採用比較經濟的動作姿態，藉此小幅度的提升運動效率：世界級的跑步冠軍跑起步來很少會搖臀擺頭，手臂亂晃（雖然有些跑者的姿態非常奇特，好比兩百公尺短跑的世界紀錄保持人麥可·強森 [Michael Johnson] 跑起步來的樣子就是向後傾的）。然而，有人針對受過訓練的人與沒受過訓練的人踩腳踏車測功器（Bicycle Ergometer）進行過謹慎的研究，發現兩者測出來的功率是相同的（《生理學期刊》（*Journal of Physiology*），第五百七十一卷，六百六十九頁）。

這代表在生物力學上，心血管的運作與身體新陳代謝的速率因為身體的運動增加而提高。也就是說，我們的身體會因為受過訓練而適應相應的作業，會增加做這件事的能力，卻不會增加效率。這並不表示在體力活上效率不重要，但決定效率的似乎是遺傳基因，不是藉著訓練就能夠增加的。

在前面提到的文獻裡，奧登色（Odense）南丹麥大學運動科學暨臨床生物力學中心的馬丁·摩根森（Martin Mogensen）及同事們指出，不管受訓與否，受試者中效率最好的個體腿部

肌肉中第二型快縮肌纖維（Fast-twitch Type 2）的比例都很高。此外，來自東非的世界冠軍及跑者似乎擁有生物力學上的優勢：他們的小腿後肌位置比較靠近膝蓋，可以減輕擺動小腿時大腿肌的負荷。這些能夠增加運動效率的因素，主要都是由基因決定的，甚至連能不能藉著訓練改善運動能力這件事，某種程度上來說也跟基因有關係。

麥可．瑞尼（Michael Rennie）

來自英國，諾丁罕大學，臨床生理學教授

■♢■♢■♢

質量相同、上坡移動距離相同，會消耗一樣的能量，不過事實遠比這個簡單的說明複雜得多。就細胞層面來說，儲存於細胞中的營養物質轉變成骨骼肌運動時所需的生物力學能量，轉換率大概只有百分之三十，而且在正常的有氧新陳代謝狀況下，這跟你的身材勻不勻稱沒有太大關係。

然而，身材比較不勻稱的人無氧閾值（Anaerobic threshold）（當運動達到某種強度，血液中乳酸開始大量堆積，與運動的強度不再有等比關係的時間點）較低，爬山這樣的運動量可能會超過他們的無氧閾值，一旦超過，身材不勻稱的人的能量轉換率會開始穩定下降，因此，他們消耗的總卡路里量會上升。

就算兩人的體重相當，身材不勻稱的人也很可能比較胖，如此一來他們擺動雙腿及身體其他部分的時候也會多消耗一些能量。提問者會覺得身材勻稱比爬山比較輕鬆，是因為提問者的體重減輕了。

經常爬山就是一種訓練，會提高提問者的無氧閾值，因此提問者雖然說自己以平常的速度爬山，但現在她的無氧閾值可能比爬山所需的能量負載還高。人體忍受能量負載比無氧閾值低的時間比較長，反之，當無氧閾值低於能量負載的時候，人體幾乎沒辦法繼續運動，而且也會開始覺得沮喪，任何做過劇烈運動的人，都懂得這種不開心。

馬克・寇森（Mark Colson）

來自澳洲維多利亞，海頓

Q⁰⁴⁰ | 換血可以讓人永保青春嗎？

十六世紀時，匈牙利女伯爵伊莉莎白・巴托利（Elizabeth Báthory）為了永保青春，在年輕女孩的鮮血中浸浴。近年，我們知道了隨著年齡增加，染色體的端粒（Telomere）會逐漸變短，這似乎是與衰老有關的現象。巴托利的惡行當然罪不可赦，不過我還是想問：如果我們抽一點嬰兒的血，妥善存放五十年，之後再注射回他體內，能不能夠有防老的效果呢？

芭芭拉・羅伯森（Barbara Robson）

來自澳洲首都領地，安斯利

A:

這其實是兩個問題。首先，什麼原因會造成衰老？端粒縮短是個理論，但它無法真正解釋我們為什麼會衰老，因為有許多動物，像是線蟲，根本沒有細胞分裂，一樣會衰老死亡。相反的，癌細胞就像永生不朽的細胞，經歷數千次的細胞分裂，也沒有衰老的跡象。衰老牽涉到許多複雜的現象，如氧化壓力增加導致粒線體功能性下降，又如轉錄錯誤和DNA傷害的積累，造成畸形的蛋白質堆積。

第二個問題是換血有沒有用？答案是：沒用。用「年輕」的血換掉「衰老」的血，並不會改善任何導致衰老的細胞現象。換血最有可能帶來的結果，恐怕是負面的：接受換血後，受血者可能很快就會生病，因為新換的血液裡缺少了過去五十年來在受血者體內累積循環的抗體。因此，原本對受血者沒有威脅的病菌，在換血手術後可能會很輕易的就能在受血者體內的「年輕血液」中找到攻擊目標。

艾倫‧李斯（Allan Lees）

來自美國加州，巴克老化研究中心資訊總監

■♂■♂■♂

即便我們已經知道端粒減短跟衰老有關，換血恐怕也沒有多大幫助。端粒是一段具有重複序列的鹼基對，作用就像是染色體末端的可拋式結構。體細胞（生殖細胞或新生幹細胞以外的細胞）進行細胞分裂時，端粒會縮短。如果生殖細胞的端粒

也會縮短，有可能丟失遺傳物質。

　　端粒較長的細胞也無法保護那些端粒已經消失的細胞。每一個細胞內的每一個染色體，只會受到自己的端粒影響。

　　至於卵母細胞或精原細胞這類生殖細胞，具有特殊的端粒酶，可以延長端粒的長度（作用為保護染色體，避免被降解）。這樣的過程至少會維持到胚胎發育早期，某些幹細胞會持續端粒延長的作用。另外，多數血球細胞壽命都很短，所以脾臟、骨隨裡的幹細胞必須不斷替人體補充新的血球細胞。因此如果在你老的時候，移植到體內的自體移植物是脾臟、骨髓這些組織，那還有可能更替某些重要組織裡的幹細胞，但換血可沒有這種功能。刺激端粒生長可能比較有用，不過這也是有風險的，因為有些癌細胞就是靠這種方式生存。

法蘭克・侯斯曼（Frank Horseman）

來自比利時，布魯塞爾

Q⁰⁴¹ | 為什麼跑完步才會開始大量冒汗？

　　為什麼跑完長跑之後，一停下來就會馬上大量冒汗？我問過其他跑者，他們也都有相同的經驗。

米蘭・哈賓（Milan Harbin）

來自斯洛伐克亞，布拉提斯拉瓦

A:

汗水蒸發的時候會在皮膚表面形成一層飽和的空氣，阻止汗水繼續蒸發。跑步期間，因為你的身體在移動，新鮮的空氣會取代這一層飽和空氣，讓汗水可以持續蒸發。

每蒸發一克汗水，需要消耗兩千兩百六十焦耳的體熱。當你停止跑步，飽和空氣層會在皮膚表面累積，讓汗水無法蒸發，你才會覺得自己好像瞬間大量冒汗，而且這時皮膚表面的溫度也開始升高，讓你流更多汗。

在有風的天氣跑步，停下來之後不會突然大量冒汗，就是證明這種現象的最佳例子。

夏恩‧馬隆尼（Shane Maloney）

來自伯斯西澳大學，生物醫學暨化學科學學院

■♂■♂■♂

其實在你開跑沒多久之後，你就開始流汗了，這時你的肌肉開始規律運動，消耗的能量比你不動的時候還要多。提問者經歷的是身體移動引起的風寒效應（人在不同風速的環境下感受到的溫度不同，風越大越冷）：空氣在你的皮膚上流動，穿過你的衣物，在汗開始累積之前，風已經帶走你身上的水氣。試著背個小背包或是用包鮮膜包護你的胸膛，你就會發現所有的汗都累積在這些區域，就算你停止運動後一段時間依然如此，而你身體的其他地方則不會這麼多汗。

就算你停止跑步，肌肉還是需要散熱，加上此時你身體

附近的空氣流動減少，所以汗水會累積在你的皮膚表面。如果你跑完之後收個操，不立刻停下來的話，可能就不會流那麼多汗了。

相對溼度和環境溫度對你的流汗量也很有影響。溫度和濕度越高，你流的汗越多。你可以試著在雨過天晴後的森林裡跑跑看，也在吹著微風的開闊鄉間跑跑看，比較兩者的差別。

大衛‧班克斯（Dave Banks）

來自紐西蘭，威靈頓

■♂■♂■♂

除了蒸發冷卻效應以外，這還牽涉到另一個影響比較小的效用。當你停止運動，肌肉也會停止動作，不再產熱，但你體內的「恆溫系統」依然設定在高溫區，因此在你逐漸恢復到休息狀態的時候，必須持續流汗幫助身體降溫。

大衛‧吉勃森（David Gibson）

來自英國西約克郡，里茲

Q⁰⁴² | 為什麼人類保有殘忍的特質？

科學家已經找出許多行為背後的演化基礎，像是利他主義（無私地為他人幸福著想的行為）和嫉妒。

然而幾千年來，人們不可置信的不斷持續無端殘害同類，而殘忍帶來怎樣的演化優勢？至今仍然未明。人類的殘忍究竟有什麼生物基礎可言呢？

布萊恩・卡瓦那（Brain Kavanagh）

來自英國肯特，美德茲頓

A:

殘忍不會帶來演化上的優勢，至少現在不再是如此，人類的殘忍反倒像是倒退走。就演化時間來說，不久之前，人類還是過著狩獵採集生活的小群體，事實上，現在依然有這樣的小群體，好比居住在熱帶雨林中的原始住民。

群體生活除了人多比較安全之外，每個人也可以發揮各自的專長，有同伴會負責其他與生存相關的任務。然而，雖然團體中的大家相親相愛，遇到競爭地盤或食物的其他群體出現，彼此就會互相敵視。尼安德塔人就在人類演化史上的衝突中，輸給了智人。然而，要說殘忍在演化上有什麼意義，似乎是種不太恰當的擬人比喻，儘管我們確實是在討論人類。

智人和其他大猿（Great ape）同時演化，這期間我們也可以看到類似的殘忍行為。就算是在自己的群體中，同種人之間也未必都這麼相親相愛。群體生活有它的好處，人多比較安全，工作也可以分配下去，這些過著狩獵採集生活的人種為了生存，必須劃定自己的地盤，保護自己的地盤。因此，外來群體的出現當然是個威脅。不過，同一群人猿之間也有自己的階級制度，

當不同群體間發生衝突，影響的不只是群體的存亡，還影響到群體中雄性領導的地位。要結束群體與群體間的衝突，要不是把另一個群體趕跑，要不就是殺死對方群體中的雄性領導，再將剩下的雌性個體和年輕個體納入獲勝的群體中。能夠獲勝的群體，無疑是最適合生存的，所以到頭來，一切就看你要不要選擇殘忍而已。

現代人面臨的處境與遠古時期其實很類似。就算到了今天，某些群體中的人還是很容易受到影響，認為其他群體的人是比自己低下的次等人，可以毫無憐憫之心的殘害他們。當人類的差異出現在信仰價值上的時候，殘忍的程度甚至比爭搶有限資源還可怕。

美洲一直到了近代才成為歐洲人的殖民地，歐洲人驅趕美洲原住民的時候，凡有反抗便格殺勿論。二戰時希特勒屠殺猶太人的動機也是一樣，他想要替純淨高貴的亞利安人族群擴張領土，所以覬覦著烏拉爾山（俄國中西部的一座山脈，是希特勒大日耳曼帝國計畫的國家領土最東邊界）。這樣的過程不斷在人類史上重複，如近期的巴爾幹（因地緣、種族關係複雜，戰爭頻繁，有「歐洲火藥庫」之稱）和達佛地區（位於蘇丹的中西部。二〇〇三年爆發過種族衝突）。

特潤斯・侯林沃斯（Terence Hollingworth）

來自法國，布拉尼亞克

■♤■♤■♤

答案只有一個——為了權力。談這個話題的時候，就讓我

們先別把女士牽扯進來吧。歷史上只有極少數女性的殘忍程度比得上卡利古拉（羅馬帝國第三任皇帝，自命爲神，在位期間行事奢華、殘暴）或尼祿（卡利古拉的兒子，羅馬帝國第一皇朝最後一任皇帝，弒母殺弟且多次舉兵，是有名的暴君），或者薩達姆‧海珊（伊拉克前總統，二〇〇六年被判處絞刑）。要登上權力顛峰，一定要踐踏所有反對意見，一定要使人望而生畏，一定要有死忠的臣子。接著他可以享有無數佳麗、吃著山珍海味，盡可能生下越多健康的後代越好。殘酷的雄性領導還有其他殘忍的作爲，包括殺害對手的後代，減少他們和自己子孫競爭的機會。

瓦勒利‧莫賽斯（Valerie Moyses）

來自英國牛津，布洛克斯罕

■👍■👍■👍

我看到在討論人類爲了生存能夠多麼殘忍無情的這議題上，前一位讀者試圖把女性排除在外。老實說，在歷史上女性之所以比較少出現如此誇張乖戾的行爲，可能是因爲她們比較少爬到可以有這種行爲的地位。不過當女性有了夠高的地位後，也會出現許多例外，如十六世紀時，匈牙利的連環女殺手伊莉莎白‧巴托利，和古羅馬時代受卡利古拉和尼祿影響的女性家族成員。

如今，在世界各地，想要成爲女性領導，要使用的手段絕不比男性高尚。身爲小學老師，我經常要處理霸凌事件，就我四十年來的經驗來說，男孩被霸凌其實是偶發，而且非常罕見

的。女孩被霸凌的事件就常見得多，處理起來也困難得多，而且會造成肉眼看不見但卻有長遠影響的傷害。「只要你答應我再也不跟她說話，我們就可以當朋友」，這就是女孩們最常使的招數。

我曾經問過霸凌者身邊的人，為什麼要跟一個叫你與其他朋友斷絕往來的人當朋友？他們說不出個所以然，除了被我問得不太開心，甚至還很懷疑我怎麼會問出這樣的問題？受到其他女孩霸凌的女孩會受到排擠，覺得自己活著毫無價值，還會因而走向自殺的不歸路。所以說，在殘忍這件事情上，女性也不遑多讓。

我不知道為什麼人類需要保存殘忍這種特質，但我知道人類為什麼要保留屈從這樣的特質：想要生存，就不能遠離群體中心。既然屈從的特質被保留了下來，殺手級的女王蜂也免不了繼續存在。

潘妮洛普・史坦佛（Penelope stanford）

來自英國肯特郡，格林海斯

Q⁰⁴³ | 除了膀胱，人體還有哪個部位可以儲存液體？

人體除了膀胱以外，還有沒有哪個部位可以儲存液體？我晚上常常只睡足了四個小時就得起來小解。偶爾我白天都沒什麼上廁所時，晚上就得起來小解

三、四回。尿液應該一整天都在累積，但我上床之前就是不想尿，我的尿到底藏去哪裡了啊？

維珍妮亞・洛夫

來自澳洲維多利亞，奧蒙

A:

人體除了膀胱以外，還有沒有哪個部位可以儲存液體？有，說來簡單，血液不就是了嗎？當你一整天沒有排尿，膀胱已經漲滿，這時候腎臟會停止製造尿液。等你終於把膀胱裡的尿液排空，腎臟開始忙、恢復血液正確的電解質平衡狀態，很快的，你的膀胱就又滿了。

某種程度上而言，腎臟的活動也受到生理時鐘調控，所以晚上產生的尿量比較少，這也是爲什麼大多數人白天經常排尿，到了夜晚卻可以一覺到天亮，不用起床小解。如果你因爲飛了大半個地球，導致生理時鐘顛倒，你會發現自己白天都不用上廁所，但半夜一直起來小解。不由分說，這絕對是訓練過後的結果，提問者似乎訓練自己適應了倒反的生理時鐘，所以晚上才會頻繁的起來上廁所。我猜，這狀況可能是爲了適應生活或工作型態。

蓋・考克斯（Guy Cox）

來自澳洲，雪梨大學，細胞生物學家

■👍■👍■👍

答案之一是：這些液體跑到你的腿和腳去了。受心臟衰竭或腎臟病所惱的病人，不管病情輕或重都很清楚這一點。白天時，體內的液體會匯集在腿部，當身體躺平以後，這些液體便重新進入體內循環，直接通過腎臟，前往膀胱。

不過，這不是病人才有的狀況。只要你曾經有長途飛行的經驗，想一想爲什麼每次在櫃台前排隊的時候，你就想跑廁所？身體長時間靜止不動會造成細胞外液匯集在下半身，這就是爲什麼到了要下飛機的時候，你會覺得連彎腰綁鞋帶都很困難。而一旦腿部肌肉開始運動，促進額外的液體回到該去的地方，你就會發現自己很快就想上廁所了。

麥克·卡瑞特（Michael Carrette）

來自澳洲昆士蘭，凱恩斯

■♦■♦■♦

一個七十公斤的人，體內有百分之六十五都是水，相當於四十五公升的體積。多數水分都儲存在人體無數的細胞當中，少數水分會出現在細胞周邊，還有更少數的水分隨著血漿循環。體重隨著時、日、月變化是人體的特色，代表身體有改變這些液體體積的能力。

覺得戒指忽緊忽鬆，下班時腿痛鞋子緊，在在證明了體內的液體會流動。

要回答這個問題嘛！我只能說答案就在身體各處，而且還多得不得了。提問者提到的尿液只是這些液體的一種，經由腎臟作用後儲存在膀胱裡的液體，當你有尿意的時候，從膀胱排

出的尿液也只有兩、三百毫升。

另外，大量攝取鹽分容易造成水腫，血壓會因此升高。而且人體有好幾種複雜的荷爾蒙，在體內液體平衡上扮演重要的角色，像是抗利尿激素、醛固酮，還有雌激素，會造成女性在月經週期時體重增加。

到了晚上，腎功能的運作速率會減緩，讓多數人（顯然不包括提問者在內）可以一夜好眠。膀胱也變得沒那麼敏感，可以容納更多尿液。

約翰・科潤（John Curran）

來自英國東約克郡，貝弗利

Q⁰⁴⁴ | 折手指關節有害嗎？

我對自己有著折手指頭的習慣感到難為情。我忘了曾在哪裡讀過這麼做並沒有害的報導，但我還是深深懷疑這個論點。長期來講，折指關節到底會不會帶來傷害啊？如果會，那又是為什麼？

亞歷克斯・考利（Alex Cowley）

來自英國西索塞克斯，沃辛

A:

對於折手指頭為什麼會發生「喀喀聲」，有好幾個相關理論。最常見的說法是因為掌指關節和指骨間關節的滑液囊裡有氣泡。

這些關節受到壓迫就會產生氣泡（也就是所謂的空洞現象〔Cavitation〕）接著，當關節內的壓力改變，氣泡便會崩塌。根據估計，空洞現象的過程中釋放的能量，只有每立方公釐零點零七毫焦耳。要對關節造成傷害，至少需要每立方公釐一毫焦耳的能量。不過，目前還不能確定經常折手指頭會不會造成累積性傷害。

第二個理論則認為，這是因為纖維狀的關節囊本身突然變形，致使關節囊猛然撞上關節液，所以說，經年累月的持續產生這些噪音可能會造成一些創傷。

不過，不管是上述哪個理論都沒有折手指會造成關節炎的證據。一項研究指出，愛折手指的人士和不折手指頭的人相比，並沒有比較容易得關節炎。有一位美國醫師做法很極端，他只折一隻手的指關節，想看看五十年後兩手會有什麼差別，結果一點差別也沒有。

當然啦，一開始折手指關節的時候需要施加比較大的壓力，確實有可能造成急性創傷，不過有人認為那種感覺還挺爽的，不是嗎？

大衛・法恩斯沃斯（David Farnsworth）

來自英國西約克郡，夕普利

■👌■👌■👌

折手指會發出聲音是因為關節產生的氮氣氣泡，這些氣泡之所以會出現，是因為當指關節受到外力影響，達到關節活動度的最大值時，關節內的壓力會下降。發出「喀」一聲之後，關節囊會暫時擴大，關節內本體感覺接受器的神經活動也會增加，神經訊號則透過附近的神經根傳導出去。這樣神經活動的增加，會抑制同一個皮節（即具有相同神經根的皮膚區域）內較小的神經纖維傳遞的疼痛訊號。

對於重複折關節這件事情，目前唯一已知會受到影響的只有脊椎關節，會導致病人荷包大失血：發出喀哩卡啦聲的整脊治療可以短暫舒緩病人的不適，不過沒多久老症頭又會復發（可能是因為關節內的氣體被重新吸收），開始周而復始的循環治療。

唐·傑威特（Don L. Jewett）

來自美國舊金山，加州大學，整形外科手術榮譽教授

常常去整骨治療的朋友們，快摸著你的脊椎，感受一下它說了些什麼，再趕快留言告訴我們你有什麼不同的意見。

──── 常常想抬頭挺胸做人卻總是失敗的編輯

Q⁰⁴⁵ | 有判定活人實際年齡的方法嗎？

我伴侶的爸爸出生於喀麥隆（Cameroon），但沒

有留下完整的出生紀錄。他想知道自己今年究竟幾歲。有沒有什麼方法可以判定活人的實際年齡啊？

彼得‧懷特（Peter White）

來自英國，加地夫

A:

年齡評估在法醫界是一塊逐年蓬勃發展的領域：尋求庇護的難民，的確常常無法確知自己的實際年齡。此時醫生必須盡最大的努力判斷此人的歲數，因為對難民來說，某些特定年齡可以獲得的資源較多。

年輕的時候，實際年齡和生理年齡之間的關係最明顯：你一眼就能看出眼前的小孩是幾歲。雖然這不是什麼科學方法，不過身體如何衰老這件事，還是會受到環境和遺傳因素的影響。評估老人的年齡就比較困難，誤差範圍大得多。

基本上，所有的評估都應該從心理測驗開始，藉此鑑定受試者記得的資訊，或曾經歷的事件。這些都能幫助臨床評估者縮小受試者的年齡範圍。此外，我們還必須依賴骨齡指標。判斷青少年的年紀時，齒齡（根據牙齒生長情況、磨損程度以及牙髓腔狀態來判斷人年齡的方式）是很有用的指標，但是當對象是老人的時候，齒齡就沒有這麼好用了。評估骨齡則需要使用X光（這方法有時會牽涉到倫理問題，因為X光雖然對人體沒什麼顯著的影響，但畢竟是放射線，還是有潛在使人病變的可能）。X光或是斷層掃描都是很理想的年齡判別方法。

Get Lonely? 119

面對年紀比較大的人，要評估其年齡必須考量許多因素的綜合影響，如顱縫密合的程度；退化的狀況，像是骨關節炎和軟骨骨化的程度，如提供喉嚨彈性的軟肋；喉部器官的變化，此外還有恥骨聯合的程度。甚至連骨質流失的程度，都能當作判斷依據。

其實並沒有任何單一特徵可以讓你準確知道成人的年紀，要綜合許多因素，還要瞭解人種族群間的差異，才能做出合適的判斷。

蘇・布萊克（Sue Black）

來自英國丹地大學生命科學院，解剖暨人類鑑識中心

■ ♢ ■ ♢ ■ ♢

要在一定範圍內判斷年齡低於六十歲人的年紀，是有可能的，至於超過六十歲的活人，則只能判斷得出他們的近似年齡。

恆齒和暫齒的發齒年齡是有先後順序的，第一顆恆臼齒的發齒時間大約在六歲，第二顆會在十二歲，當四顆智齒都發齒時，代表這人起碼有十八歲。另外，觀察齒根鈣化的狀況也可以判別一個人的大約年齡。牙齒是恆久的視覺性判斷指標，但是想要觀察齒根鈣化的情形則必須透過 X 光。如果所有牙齒的齒根都已經鈣化，受試者應該超過二十五歲。

還有另外兩種跟牙齒有關的年齡判別方法。一種是波以迪生長線（Boyde's incremental lines），利用會隨著年齡改變的牙釉質中的條紋作為判斷依據；第二種方法是葛斯塔佛森法（Gustafson's method），評估六個和年齡有關的牙齒參數。這

兩種方法可以判斷的年齡上限都是六十歲。

孩童手腕的X光片、成人手肘和膝蓋的X光片，或老人的頭骨和脊椎X光片，也可以幫助推論年齡。因為現在已經有精準的量表，可以說明年齡和骨化程度（也就是骨頭末端硬化的程度）的對應關係，而且這量表的判別數據還考量了人種、飲食和地理等因素。此外，肩骨、髖關節、腳踝和恥骨的X光片，也能讓年齡判別更準確。

二十五至六十歲之間的人，頭骨、咽喉、椎間盤的接縫大小都是可以幫助判斷年齡的依據，再結合身高體重的資料，可以成為判斷年齡的指標。雖然說，身高和體重通常被認為是最不可靠的判斷因子。

至於要判斷一個人是不是超過六十歲，檢查白內障、角膜斑和白頭髮，都是挺有用的方法。不過，會很難確定這個人究竟是超過六十多少歲。

威維克‧詹恩（Vivek Jain）

來自印度，古加拉特

Q046 ｜ 為什麼有左撇子跟右撇子？

為什麼有左撇子跟右撇子？

十二歲的萊利亞‧加巴索瓦（Lelia Gabosova）

來自俄羅斯，莫斯科

A:

最簡單的答案就是因為有些人的爸媽之中有人是左撇子，而有些人的爸媽是右撇子，這是為什麼同一家族的人會有相同的慣用手，也是為什麼比起異卵雙胞胎，同卵雙胞胎有相同慣用手的機會比較高。說到這，跟慣用手有關的基因其實有點奇怪；其中一個基因決定右手是慣用手，另一個基因的作用則是隨機的，使個體的左右手都有可能成為慣用手。因此擁有第二種基因的同卵雙胞胎，有可能有不同的慣用手。

基因只是決定哪隻手是慣用手的直接原因。不過，在非常偶爾的狀況下，個體發育過程中接收到的「生物雜訊」（Biological noise，細胞在運送或合成蛋白質過程中遇到的隨機干擾），或腦部、手部的創傷影響，都有可能凌駕基因之上，這會造成病理性的慣用手。

至於為什麼人類和許多動物有九成以上都是右撇子，這又是另外一個問題，答案得回溯到兩百萬年之前。那時，人類的大腦發展成為不對稱的結構，而因應說話和手指動作等快速精準動作的神經中樞坐落在左半腦，至於為什麼在左邊？到現在我們也不清楚原因。

另外還有一個問題：為什麼有些人是左撇子？答案是：擁有左撇子基因一定會有某些優勢，至於是什麼優勢嘛？還有待發現。最後，讓我們來想想：為什麼動物都有慣用手，為什麼我們不變成兩手都同樣靈活？很可能是因為靈活的操控肢

體是要付出代價的——如果我們將全部的心力投注在一隻手上面，那麼總體的效果會比將心力平均分配於兩隻手還要高。

克里斯·麥曼納斯（Chris McManus）

來自倫敦大學學院，心理學暨醫學教育教授

克里斯·麥曼納斯著有《左撇子、右撇子》（*Right Hand, Left Hand*）一書（Weidenfeld and Nicolson 出版社，二〇〇二年出版）。

——兩手都能寫出漂亮花體字（騙你的）的編輯

前面有一位讀者的答案不全然正確，他提到：「擁有左撇子基因一定會有某些優勢」。這只是因為不管在任何狀況下，具有左撇子基因沒有帶來相對的壞處而已。

凱文·唐諾森（Kevin Donaldson）

來自英國，約克

■🖐■🖐■🖐

前一位讀者說得沒錯，不過，他說得還不夠深入：就算左撇子基因有害，依然有各種遺傳變異的原因傾向讓這種基因繼續存在。這些變異可能是：保護人體不受某種疾病的傷害、提供個體其他跟左撇子無關的優勢，或者只是因為左撇子基因的位置剛好在一個具有高度變異優勢的基因旁邊。此外，左撇子這個新突變崛起的速度也會比族群中左撇子的消失速度來得快（天擇啊、演化啊對人類的作用力其實是很弱的）。不過，這一

切也可能跟基因拷貝數（某基因在生物基因組中的個數）有關，而非僅牽涉到一個特定的變異……等等，說也說不完。

艾力克斯・班特利（Alex Bentley）

來自英國西約克郡，里茲

Q^{047} | 為什麼年紀越大越容易胖，減肥也更難？

為什麼越到中年，體脂肪就越容易上升？還有一個同樣重要的問題，為什麼人到中年要減肥變得這麼困難？

安迪・葛瑞維里厄斯（Andy Gravelius）

來自英國，倫敦

A:

這問題和脂肪堆積、荷爾蒙量的變化也有關係。生長荷爾蒙和睪固酮的減少都會導致脂肪的增加。此外，甲狀腺產生的荷爾蒙會刺激脂質和碳水化合物的代謝，瘦素（Leptin）可以幫助控制食慾，人老時對這些荷爾蒙的反應程度會降低。

另外還有一個原因，就是變老時身高也會逐漸變矮，器官的重量和肌肉質量也會減少。舉個例子來說，安納托・德卡班

（Anatole Dekaban）和朵莉絲‧賽德旺斯基（Doris Sadowsky）兩位神經學家就發現，人過了四十五歲以後，腦的重量會逐漸下降。

大多數人不會因爲上面這些原因減少能量攝取，體重當然會增加。二〇〇五年，一篇刊登在《美國臨床營養學期刊》上的文章，對這個現象有更深入的解釋（第八十二卷，九二三頁）。

當這些因素綜合在一起，就不難理解爲什麼隨著年齡增長，想要減肥越來越難：身體根本就在和我們作對！

然而，如果我們減少總能量的攝取，同時又增加活動量（尤其是可以增加肌肉質量的活動）就比較有機會減重，或者，至少維持住現在的體重。

凱西‧華特森（Cathy Watson）

Email 來信解答，地址未提供

■♢■♢■♢

說到人體的脂肪組織，實在牽涉很多細節，至今我們依然不甚了解脂肪究竟儲存在身體的那些地方。然而，脂肪組織的變化很大，有些人身上就是比別人多了些麻煩的脂肪。

其中一個原因是人類在近期演化過程中，透過天擇作用產生了許多累積成熟脂肪的方式。如果住在寒冷地區，人體就需要一層脂肪，然而這層脂肪如果出現在熱帶居民的身上，恐怕會是致命的威脅。相反的，居住在熱帶、食物來源不穩定地區的原住民，就必須把脂肪儲存在腹部、臀部或大腿外側，就像駱駝把脂肪儲存在駝峰一樣。

嬰兒和成人體內的脂肪有功能上的差異。嬰兒體內的棕

色脂肪是一種特化的脂肪組織，體溫過低時可以發揮中和效用，至於少年體內的脂肪，則很快就被代謝做為生長和活動所需的能量來源。然而，成年人腰間的贅肉是備著以便面對生殖需求、環境嚴苛和遭遇飢荒，急於消除這些脂肪恐怕是不智之舉。

我們要知道：脂肪存在有它的道理，我們不應該這樣毫無感激之意的急著把它們消滅。脂肪攸關能量儲存、轉換和代謝，也具有精微的內分泌功能，影響著代謝系統和生殖系統，而且不同人種，甚至每個個體身上的脂肪都不一樣。說真的，不管你是因為厭食還是因為太胖才想消除脂肪，除去它們簡直是一種暴殄天物的行為。

瓊·瑞奇菲爾德

來自南菲，西薩莫塞特

■👍■👍■👍

女人的更年期是一種演化上的優勢，這樣祖母／外婆才有時間照顧孫子。如果你接受這件事，那你應該不難想像，這些老太太們身上需要有脂肪助她們度過食物匱乏的時刻，必須儲存以備不時之需的能量。

在遠古時代，整個家族裡最後一個吃飯的一定是老人，食物的供給由身強體健的男女主人負責控制。如果這個推論是對的，就能解釋為什麼人老的時候身體新陳代謝的機制能這麼有效率的儲存脂肪，而減肥又為什麼那麼困難。

相同的演化歷程也能夠說明老人的睡眠模式為什麼會像是日夜顛倒，因為過去他們得趁著白天有其他人負責守衛的時候打盹，到了夜晚必須保持警醒，保持篝火不滅，還要注意捕食者的動靜。

唐‧傑威特（Don L. Jewett）

來自美國舊金山，加州大學

Chapter

4

你還好嗎？我們的感覺

Q⁰⁴⁸ | 感冒時能擤出多少鼻涕？

目前我正在感冒當中。就在擤鼻涕擤了第一百萬次之後，我不禁開始懷疑，在一般感冒期間，鼻子究竟能產生多少黏液啊？擤出這麼多鼻涕，是不是代表我的體重會輕一點？

尼克・布朗（Nick Brown）

來自紐西蘭

A：

正常的鼻子平均每天可以產生二百四十毫升（大概是一杯的量）的黏液。感冒期間會有額外的產量。鼻子產生的黏液大部分會順著喉嚨往下流，被身體其他部分回收。受病毒感染的期間，鼻腔通道會收縮，黏液往身體內流動的通道因此受到阻礙，只好從鼻孔流出來。

鼻黏液的量會增加還有其他原因，比如多餘的眼淚也會

順著鼻腔內的通道和鼻黏液混合。這些液體會形成都是正常身體功能，身體可以藉著吸收或排除水分來平衡這些液體。

賽福丁・阿曼（Saifuddin Ahmad）

來自英國漢普郡，貝辛斯托克

■♂■♂■♂

提問者提到「一般感冒期間」，這實在是個沒有意義的說法，因爲病毒或病人個人因素會造成不同的感冒情況。感冒病毒被你的免疫系統發現之後，便會永遠留存在你的細胞裡。之後，要是你有一陣子健康狀況不佳，或者感染了流感病毒，可能就會引發體內舊的感冒病毒捲土重來趁勢作亂，讓你以爲自己感染了另一種感冒。至於鼻涕的質地和數量，變化程度也相當驚人。

正常狀況下，在你沒有流眼淚、沒有被洋蔥嗆到、沒有過敏的時候，健康的鼻腔確實會製造一點點液體，這些液體會因爲吞嚥而順著咽喉往下流。如果你只是輕微感冒，一天下來，可能會擤出幾毫升的鼻涕。如果嚴重一點，每小時需要抽二十次衛生紙，每次擤出二到十毫升的鼻涕，這樣子的話你一小時就可能會失去兩百毫升的液體，得趕緊補充相當的水分。

流鼻水的狀況到了晚上會減緩一點，要是眞的很嚴重，爲了避免吞下痰和口水，病人就有可能得坐著睡了。

瓊・瑞奇菲爾德

來自南非，西薩莫塞特

Q⁰⁴⁹ 　錢真的很髒嗎？

　　錢幣和紙鈔有那麼多人經手，有沒有可能因此成為傳播病毒和細菌的媒介？一個人有沒有可能因為接觸了錢而染病？如果錢真的是病菌容身的地方，我可能因此染上哪些病？最後，平均而言，錢幣和紙鈔會有多少病菌啊？

米凱拉・藍札洛提（Michaela Lanzarotti）

來自義大利，佩沙洛

A:

　　微生物的確有可能透過任何它們能附著的介質傳播。至於錢幣和紙鈔能傳播多少病菌嗎？這會受到許多因素影響，比如微生物的數量有多少，以及它們在乾燥環境下的存活能力有多高等等。許多微生物都拿乾燥的生存環境沒轍。

　　此外，你接觸錢的方式也會有影響。有人可能是摸了有病菌的錢幣或紙鈔，因此把病菌弄到手上，或者是因為把紙鈔捲成筒狀用來吸毒而感染病菌。後者是比較直接的方式，這讓病菌直接進到鼻腔。

　　關於病毒或細菌的數量要有多少才能讓你生病？這一點也需要考慮考慮。以病毒為例，它們致病的有效數量可能高達十萬，也可能只有十個。另外還有一點，不管錢幣紙鈔上

有著什麼樣的病菌，也得看它們能不能接觸到適合它們增殖的人體環境。

近來荷蘭發表一篇研究，研究對象是錢幣紙鈔上的微生物，結果發現錢幣上的細菌數量可能超過一千，紙鈔上則可能有幾百萬隻微生物。當然，這跟錢幣與紙鈔的材質也有關係：錢幣上的微生物數量通常比較少，有些特殊紙質的紙鈔上，微生物數量也不多。錢幣紙鈔上會存在哪些病毒，目前我們所知還相當有限，不過我想這個問題的答案很快就會出現。

瑞可爾特‧彪馬（Rijkelt Beumer）

來自荷蘭，瓦赫寧恩大學

在這邊告訴各位：病毒是可以在紙鈔上存活的！一位瑞士科學家近來發現，把有流感病毒的人類鼻涕滴在紙鈔上，鼻涕裡面的病毒活了十七天。（詳情請造訪我們的《新科學家》網站：www. newscientist.com/channel/health/dn12116）

—— 張開雙手歡迎大家的編輯

Q^{050} | 為什麼蚊子會挑人叮？

蚊子怎麼決定要叮誰？跟女友在亞洲四處旅行的時候，我幾乎不曾被叮，而她卻總是被蚊子煩個不停。

我們睡在同一張床上，吃差不多的東西，而且都沒有使用體香劑。

馬修‧海德利（Matthew Hedley）

Email 來信提問，地址未提供

A:

你確定你不是被叮沒反應的那種人嗎？有些人被叮的時候不痛不癢，所以誤以為自己不會被蚊子叮。

一個人會不會吸引蚊子跟他的肥胖程度、雄性激素的濃度、體溫和流汗狀況都有關。不過每個人的汗液組成和皮膚上的細菌會帶來無法預期的效果。據說蚊子偏好某些血型的人，然而關於這點目前仍是議論紛紛，沒有確切證據；飲食習慣這種說法也是一樣。

確定能吸引蚊子的物質包括乳酸、二氧化碳、溫度、某些脂肪酸、汗水中的其他化合物，或細菌的分解物。臭名昭著的林堡起司（Limburger）和沒洗的臭襪子全都富含這些化學物質。

有些化妝品是很有效的驅蚊劑，或者，說得更精準一點，化妝品中和了人體的那些物質，混淆了蚊子的感官。

阿瓦朗‧謝溫（Avram Sherwin）

來自加拿大安大略，多倫多

■♪■♪♪♪

我們的身體會產生許多天然化學物質，有些對叮人咬人的昆蟲很有吸引力，而算我們好運，也有幾種化學物質散發出的味道可以屏蔽那些會吸引蚊子的物質，讓蚊子沒辦法追蹤，你就不會被蚊子叮了。

來自英國赫特福郡（Hertfordshire），洛桑研究所（Rothamsted Reserch）的詹姆士・洛根（James Logan）和約翰・匹克特（John Pickett）就找到了人身上有哪些讓吸血的昆蟲不敢靠近的化學物質，也正以這些化學物質為基礎發展防蚊劑。

洛桑研究所的研究團隊看到在草地上吃草的牛隻，有些得用尾巴不斷驅趕蒼蠅，有些卻可以絲毫不受打擾，才由此想到有些個體對吸血昆蟲來說就是比較沒有吸引力。匹克特的團隊認為，簡單來說，可以專心吃草的牛隻，身上的氣味就是不吸引吸血昆蟲。他們檢查了牛隻身上的化學物質組成，發現不太會被蒼蠅打擾的幸運牛身上有非常特殊的化學訊號。

洛根發現人類身上也有這樣特出的化學訊號。他讓黃熱病的病媒蚊，也就是埃及斑蚊沿著Y型的迷宮飛行，Y字前端的左右臂各飄散著不同志願受試者手上的氣味。有些化學物質會吸引蚊子，其他的則讓蚊子避之唯恐不及，蚊子會往有吸引氣味的路徑飛去。洛根在雌蚊的觸角上安置了非常小的電極，藉此偵測牠們的反應，如此一來他就能分辨蚊子對不同化學物質的傾向。結果顯示，只有某些人身上會產生那些可以避開蚊子的化學物質。

伊芙珂・馮・伯根（Yfke van Bergen）

來自英國，曼徹斯特

Q^{051} | 為什麼傷口會留疤呢？

為什麼在天花還沒有痊癒以前摳掉傷痂就會留下
疤痕，而摳一般的痂就不會？

湯瑪士・歐斯海（Thomas Oxhey）

來自英國東約克郡

A:

健康的天花傷痂不會留下明顯的疤痕，但是如果你經常去
摳，就會容易留下疤痕了。

任何傷口的癒合都是先從支架組織（Scaffolding tissue）生
長直至包覆傷口開始。接下來，癒傷組織（Scar tissue）會開始
評估組織的結構性和功能性。如果是乾淨、邊緣整齊的小傷口，
傷疤組織可以整齊的覆在傷口上，之後幾乎不會留下疤痕。然
而，如果支架組織無法在大傷口上形成整齊的結構，那麼傷口
癒合後就會留下明顯的疤痕，可能要花好幾年時間才會縮小，
或者得用整形手術來應付。

如果你重複摳傷痂，干擾傷疤的形成，只會加劇結疤作用。
而且，如果傷口遭到病菌感染，如提問者提到的天花病毒，病菌
不只會干擾組織生長，還會吸引白血球過來，造成傷口化膿。如
果你可以忍住不去摳，健康的白血球就可以把病菌和遭受感染的
組織清除得乾乾淨淨，團團圍住膿皰，直到最後所有組織都乾化、
脫落，之後癒傷組織就能形成整齊的結構。要是你干擾了這個過

程，做些像是去摳傷口、弄破膿皰結構的事，讓傷口接觸更多病原菌，導致白血球大量聚集，最後當然會留下大得無法忽視的疤痕。

瓊・瑞奇菲爾德

來自南菲，西薩莫塞特

Q⁰⁵² | 有沒有讓人長壽的病毒？

病毒不是縮短你的壽命就是要你的命。我想知道，有讓人變長壽的病毒嗎？畢竟，讓寄主活得久一點，病毒才能增殖到最大數量，才好繼續尋找其他寄主。如果說這世界上沒有這種病毒，那我的這個假設到底哪裡有問題呢？

葛拉漢・隆德加（Graham Lundegarrd）

來自英國，格洛斯特

A:

先不管寄主壽命增加對病毒來說有沒有好處，誰也無法保證寄主體內有可以延長壽命的機制，更別說病毒還要可以操縱這種機制。再說，寄主長壽對病毒而言未必是個優勢，因為這得看病毒的生活策略是怎樣的，有些病毒只有在寄主死了以後才會釋出。事實上，許多寄生生物會強迫寄主攻擊其他潛在寄

主，或者迫使寄主被殺或被吃，好讓寄生生物（病毒或其他生物）可以繼續傳衍下去。

話說回來，各種動物，包括人類在內，體內或體表都有細菌存在，這正是所謂的「微生物相（Microflora）」，這些細菌不僅僅只是寄生生物，還有重要保護性、刺激性和營養性的功能。從某些角度看來，這可以視作一種延壽的方式，因爲少了它們，人體可能會有劇變，甚至死亡。關於這點有很極端的例子，比如蘭花根部的寄生眞菌，還有人體細胞裡的粒線體，和蘭花少了根部眞菌就會死亡一樣，人類也無法在沒有粒線體的狀況下活著。

彼得·克利斯欽（Peter Christin）

來自荷蘭，阿姆斯特丹

■ ♢ ■ ♢ ■ ♢

有許多人認爲寄生生物持續演化下去，最後會成爲寄主體內的無害生物，而且寄主的壽命越長，寄生生物的毒性就越弱（這是寄主抵抗寄生生物的方法）。如果可以忽略寄生生物對寄主造成的傷害，那麼普遍認爲這樣的寄生關係已經存在很長一段時間了。然而，這個論點的正確性逐漸受到質疑。

如果病毒爲了傳播出去所採用的策略，必須危及寄主的生命，那麼使用這種策略的病毒，恐怕就沒有提問者說的那麼美好。病毒的毒性和傳播方式有關，舉個例子來說，腹瀉可以要人命，但卻是確保病毒被傳播出去的絕佳方式。

至於有沒有病毒可以讓人變得更長壽嘛⋯⋯在問這問題前你必須先了解一點，那就是有些病毒似乎已經融入寄主的

DNA，變成遺傳性的病毒了，它們可能提供了寄主一些生存優勢，再不然，起碼它們都乖乖地待在那，至少沒給寄主帶來麻煩。

保羅‧多林（Paul Dollin）

來自英國伍斯特郡，德羅威治

■♨■♨■♨

　　有時候病毒之所以讓寄主變得更長壽，是因爲病毒必須利用寄主的細胞機制來幫助自身繁殖，並且要藉著寄主和其他潛在寄主的接觸才有辦法傳播出去。正因爲如此，當多發黏液瘤病病毒（Myxomatosis virus）刻意被散播進澳洲野兔群裡的時候，毒性很快就減低了（在澳洲，野兔是外來種，一八五九年引入後造成了當地生態位置與野兔相等的有袋類瀕危，因此曾在一九五〇年代使用多發黏液瘤病病毒控制野兔的數量）。不僅僅野兔演化出免疫能力，天擇也傾向讓不會那麼快殺死寄主，或是不會要了寄主性命的病毒留下來。

　　上述的例子是病毒延長了取寄主性命的時間，而不是寄主因爲感染了病毒而「增加」了壽命。病毒感染寄主最主要的目的就是盡快增殖，數量越多越好。爲此，病毒必須控制寄主細胞DNA複製、合成蛋白質的能力，最後寄主的細胞非得破裂，增殖的病毒才有辦法釋放出來，這顯然對寄主沒有任何好處。

　　雖然病毒也許不希望寄主立刻死亡，但是病毒的生活史基本上就是個破壞的過程，長期來說，對寄主一定有傷害。

喬安娜‧萊納（Johanna Rayner）

來自澳洲維多利亞，帕克維爾

我不知道有哪種病毒可以讓人類變得更長壽，不過身為普利茅斯海洋實驗室的一員，我們正在研究一種感染赫氏艾密里藻（Emiliania huxleyi）的巨大病毒。這種病毒，目前稱之為EhV-86，還有七種跟製造神經醯胺有關的基因，神經醯胺這種化合物負責調控細胞死亡，即細胞凋亡的過程。我們相信這種病毒會盡可能讓寄主保持健康，時間越久越好，讓它可以繼續增殖下去。相較於最後造成細胞爆裂以釋放增殖病毒的方法，這種病毒採用一個一個穿過寄主細胞膜的方式，讓寄主細胞保持健康和完整的形態。

麥克‧艾倫（Mike Allen）

來自英國普利茅斯，普利茅斯海洋實驗室

■♦■♦■♦

　　許多病毒是用來對抗癌症的材料。舉個例子，耶路撒冷希伯來大學的研究人員正在利用感染鳥類的新城病（鳥禽類傳染病，傳染力高。會引起呼吸器官、神經以及腸胃病變）病毒變種來找出腦瘤位置。同樣的，遺傳工程學家也會利用無害的病毒攜帶特定基因進入細胞。舉例來說，科學家就試著藉由感染病毒的肝細胞來治療高血膽固醇症這種家族性遺傳疾病。在病毒中插入關鍵基因，使肝細胞可以產生一種化學海綿（Hemical sponge），幫助控制有害的膽固醇。

　　一直要到十八世紀，利用病毒來達成我們目的方法才出現。當時愛德華‧詹納（Edward Jenner）發現擠牛乳的女工如果感染了比較輕微的牛痘，就能對毒性較強的天花產生抗性。牛痘

病毒和天花病毒有很相近的親緣關係，所以後來以牛痘病毒製作的疫苗廣泛發展。

麥克・發洛斯（Mike Follows）

來自英國西密德蘭，維倫荷

Q^{053} | 為什麼尿尿在腳上可以治香港腳？

《新科學家》週刊出版的《誰會吃胡蜂？》（[中譯：《肚皮脂肪要多厚才能擋子彈？：101個古靈精怪的科學問題》，遠流出版，二〇一二年]）一書提到有關香港腳的問題。過去我一直深受香港腳所擾，直到我爸告訴我洗完澡尿在腳上就可以解決它。試著這麼做之後，我的香港腳就再也沒復發過了。這種療法究竟是怎麼回事？

湯尼・馬力（Tony Male）

來自澳洲昆士蘭，凱恩斯

A:

之所以會長香港腳（也就是足癬）是因為皮膚感染了多種不同的癬菌：其中最常見的就是毛癬菌、小芽孢癬菌和表皮癬菌。癬菌好發於攝氏三十五度；當皮膚處於溫暖潮濕的環境，癬菌就會開始興盛繁殖，感染你的腳指甲和皮膚表層，消化你的角質。你可能會從地板上或衣物上感染癬菌，而且只要有皮膚的地方，

癬菌就能生存，如果環境不適宜就不會造成明顯的感染現象；比方說，流了汗又悶在臭襪子裡的腳丫子，就是癬菌最理想的生長環境，但如果你雙腳總是保持乾燥，就不會生癬了。

多數治療足癬的方法都是讓皮膚保持乾燥，或者塗抹殺眞菌劑，而且乍聽之下，尿液似乎有抗菌的功效。尿液裡主要都是水分，此外還含有有機物質，像是尿素、尿酸和肌酐，有些物質具有抗眞菌或抗細菌的功效。

雖然說是這麼說啦，但是邊洗澡邊尿尿可不是一種療法，因爲尿液大概只含有百分之十八的尿素，而藥膏至少要含百分之四十的尿素才有功效。再說，尿素還得留在皮膚上好幾天才行。藥膏裡的尿素可以軟化皮膚，讓抗眞菌的藥物殺死穿透皮膚的眞菌。尿液裡面的尿素濃度不夠，更別提你要是邊洗澡邊尿尿，尿液很快就被沖走了，就算有功效也難以發揮。

所以，最有可能的答案就是：既然你知道自己尿在腳上，你可能會特別把腳沖乾淨／擦乾淨（有可能是下意識的動作），因而移除了腳上那些做爲眞菌食物的死皮細胞。

喬‧伯格斯（Jo Burgess）
來自南非格拉罕鎮，羅德斯大學生物化學、微生物及生物科技系

Q 054 | 為什麼熱敷有消腫止癢的功效？

只要被馬蠅叮到我的反應都很嚴重。但最近我發現只要把熱茶杯貼在傷口上，就可以立刻舒緩紅腫癢

的情況，還可以持續好一陣子。為什麼熱可以帶來這樣的效用？用這招處理被蠓（台灣俗稱小黑蚊）或蜂叮咬的傷口也會有用嗎？

金姆‧羅素（Kim Russell）

來自英國得文，北莫頓

　　熱療法已經有很悠久的歷史，現在也有專門為處理蚊蟲叮咬而設計的熱敷裝置。不過使用時可要小心了：有些毒液會造成嚴重的皮膚過敏和傷口，而且隨時都有感染的風險，如果你有任何疑問，一定要諮詢醫生的意見。

　　—— 被聽診器碰到就會不小心停止呼吸的編輯

A:

　　如果你用熱茶杯貼著皮膚，皮膚會變得更紅。這並不是因為皮膚被你燙熟了，而是因為有大量的血液流到這裡，正試著平衡不正常的高溫。血流量增加會一併帶走傷口處引發過敏反應的毒性物質，毒性物質同時也會被大量血液稀釋。

麥可‧史卓森（Michael Strawson）

來自紐西蘭，海瓦德

■◊■◊■◊

　　當你被昆蟲叮咬的時候，通常昆蟲會朝你體內注入一種防

止凝血的物質，至於疼痛和發炎反應則是由毒性物質所引起的。有許多昆蟲能叮能螫，牠們分泌的抗凝血素或毒液非常不耐熱，一旦溫度提升，這些物質便會分解，同時失去效用。馬蠅注射到你體內的干擾性物質可能也很不耐熱，所以你用熱茶杯搗著傷口才會既能消腫又能止癢。如果你被蟆叮或是蜂螫，這麼做應該也有一樣的效果。

莫‧列羅（Mo Laidlaw）

來自加拿大魁北克，朋提亞克

■◊■◊■◊

被鱷鱔魚（Weaver fish）刺傷的時候，也常用熱敷的方式處理傷口。通常我們會將受傷的部位浸泡在傷者能夠承受的熱水裡，這個措施引發了以下三種反應：首先，就像煮蛋白一樣，熱會讓傷口中的蛋白質性質轉變、功效變差。其次，流到傷口的血液變多，更快帶走傷口中的毒素。最後，熱利用了疼痛閘門控制理論（痛感取決於擔任「閘門」一角的脊髓後角神經，在人體受到傷害時會加強或減弱從末梢傳回腦的訊號），壓著、熱敷或搓揉傷口，會阻斷痛覺神經的傳導，能夠制疼痛，就像抓癢時你不會覺得痛一樣。

吉歐夫‧夏普（Geoff Sharpe）

來自曼島

Chapter

5

你注意到了嗎？植物和動物

Q⁰⁵⁵ | 昆蟲會變胖嗎？

昆蟲會變胖嗎？

華特‧馬頦（Walt Malker）

來自美國，紐約市

A:

如果提問者所指的「胖」是「肥胖」的話，答案是「不會」。所有的昆蟲都要經歷一定程度的變態，在變成成蟲之前要先經歷幼蟲期。成蟲的壽命很短，而且通常完全不進食。馬蠅（隸屬於蜉蝣目）和許多會吐絲的蛾（隸屬於天蠶蛾科）就是這樣的昆蟲。牠們沒時間，也沒心思找東西吃來把自己養胖。

成蟲時會進食的昆蟲，體型則受到無彈性的外骨骼所限，無法擴張外骨骼來容納多餘的脂肪。偶爾，你會在蜂巢裡發現覓食不成還落得賠命的下場、被蜜蜂螫死的鬼臉天蛾屍體。牠們的口器太短，沒辦法吸食花蜜，不過這長度剛好適合吸吮蜂蜜，只是前提是蜜蜂也得願意分享才行。

不只成蟲，幼蟲時期的昆蟲體型同樣也受到限制。為了生長，幼蟲每隔一段時間就得褪去外骨骼，因為體內的液壓會使

外骨骼分裂，所以牠們得換一副比較大的外骨骼，讓自己可以好好生長。在幼蟲還沒塞滿這副新的外骨骼之前，這副皮囊還算稱得上有彈性，不過昆蟲也不能一直這樣下去。每一種昆蟲的蛻皮次數都是固定的，如果吃得太好、營養太多，那就會早一點蛻皮，反之，如果食物所含的營養有限，那麼兩次蛻皮之間的時間就會長一點。不管時間長或短，幼蟲一旦完成了所有蛻皮，就會開始變態，準備進入成蟲階段。此時牠們不會繼續變胖，老實說，還可能越來越瘦，至於沒辦法找到足夠食物的幼蟲可能會提早變態，略過一到兩次脫皮，除了體型比較小一點，羽化的成蟲還算正常。

雖說如此，昆蟲在幼蟲階段的確會儲存大量脂肪。比方說家蠶，牠們算是很大的昆蟲，因為羽化為成蟲後不再進食，所以幼蟲時期必須儲存相當的脂肪，讓雄蟲羽化後有體力尋找配偶交配，讓雌蟲有足夠的能量可以產下大量的卵，同時還能維持自身的新陳代謝達一週左右的時間。不過以上講的這些都是正常的狀況，牠們才不胖，牠們跟肥胖這個形容詞一點關係也沒有。

特潤斯‧侯林沃斯（Terence Hollingworth）

來自法國，布拉尼亞克

■◊■◊■◊

從昆蟲的生活史看來，牠們沒有機會達到我們所謂的「肥胖」境界。大部分昆蟲會盡可能的吃，一旦吃夠了，牠們便進入蟲生的下一個階段，或者開始生殖，或者準備死亡。雖然也

有例外的時候，但很少昆蟲能夠忍受「過胖」的問題（因為任何影響生理功能的狀況都會妨礙生殖），所以用不到的東西，牠們就排出來。舉例子來說，吸食植物汁液的昆蟲從食物中獲得太多糖分，多餘的糖分並沒有轉變成無用的脂肪，而是以黏液狀的蜜露形式排出來，或者轉變成有保護性的蠟質覆蓋在身體上。利用荷爾蒙阻止昆蟲成熟，也許可以讓牠們變得又肥又胖，但這樣的昆蟲無法繁殖。

　　說是這樣說，但健康的昆蟲當然還是會儲存一些脂肪。昆蟲體內的脂肪體是一種特殊的器官，對儲存能量、荷爾蒙調控、新陳代謝、生長、越冬、遷徙所需的能量、卵黃形成等等生化過程都有關鍵的影響。因此許多昆蟲，像是蝗蟲和白蟻，雖然看起來不胖，但卻是富含脂肪的食物。你也許曾經在電視上看過，大部分白蟻的蟻后身上都儲存了大量脂肪，才能稱職的扮演好下蛋機器的角色。

瓊·瑞奇菲爾德

來自南菲，西薩莫塞特

■👍■👍■👍

　　我和我的同事詹姆士·馬登（James Marden）曾撰文敘述蜻蜓感染肥胖症的文章（同時還描述其他感染症狀）。受到感染的蜻蜓無法代謝飛行肌肉中的脂肪酸，於是脂質堆積在牠們的喉嚨，導致喉嚨的脂肪含量增加百分之二十六。這種感染帶來的症狀還包括飛行能力下降，雄蜓的生殖成功率也降低（《美

國國家科學院期刊》（*Proceedings of the National Academy of Sciences*），一〇三卷，第一八八〇五頁）。

魯德・希爾德（Ruud Schilder）

來自美國內布拉斯加州，內布拉斯加大學生命科學院

Q^056 │ 魚會口渴嗎？

魚會口渴嗎？

傑克・班內特（Jack Bennett）

Email 來信提問，地址未提供

A:

這個嘛，魚會口渴，至少某些魚會口渴，在討論這件事之前，我們得先把人類對「口渴」的主觀認知放在一邊。而且口渴這件事，對海水魚和淡水魚來說，稍微有點差異，我們還得考慮鯊魚也可能會口渴這件事。

硬骨魚類體內的鹽濃度和陸生脊椎動物相差不遠，這代表海洋硬骨魚處於環境鹽濃度大於血液鹽濃度的棲地，硬骨魚的近親軟骨魚則恰恰相反。

水分子可以穿過生物膜（它們是多數生物與外界環境之間的屏障）並因應濃度梯度進行移動，這個過程稱為滲透。因此，

和環境相比，海洋魚類體內的鹽濃度較低，水分會持續往體外移動，尤其是透過又薄又有滲透性的鰓上皮。為了補充失去的水分，海洋魚類必須喝水，所以說牠們的確「會口渴」。至於牠們因為喝下海水而攝入的多餘鹽分，則由鰓中的特殊細胞負責排出。

淡水魚不太有口渴的機會。因為牠們棲息在鹽濃度更低的環境裡，所以跟海水魚面臨相反的問題：水會不斷滲入淡水魚的體內，稀釋血液濃度。因此淡水魚必須排出多餘的水分，方法跟我們差不多，就是排尿。

所以說，海水魚會口渴，必須喝水；淡水魚則是要避免喝水，而且經常排尿。

附帶一提，鯊魚、角鯊、魟魚和鰩魚都是海水魚（中美洲和南美洲有幾種淡水種類是例外），但牠們是軟骨魚，而不是硬骨魚。雖然牠們血液中無機鹽的濃度跟海洋硬骨魚相去無幾，但牠們的血液和海水之間，幾乎不存在任何滲透差度。這是因為牠們會把有機分子留在體內，主要是尿素和氧化三甲胺。這麼一來，狡猾的鯊魚就可以避免水分子順應滲透差度而從體內流出，所以應該不會口渴。

史蒂芬・尼爾森（Stefan Nilsson）

來自瑞典，哥特堡大學，動物生理學教授

Q^{057} | 貓為什麼不喜歡游泳？

貓似乎都很喜歡魚，既然如此，牠們為什麼不喜歡游泳？

湯姆・羅金（Tom Lorkin）

來自英國肯特・貝肯翰姆

A:

我也喜歡吃魚，但你不會在拖網裡面找到我，在水裡更別想了。原因只有一個：跟大多數貓一樣，我的泳技不夠好，沒辦法在水裡抓到從我面前遊走的大餐。雖然水獺、海豹、其他水生哺乳類和爬蟲類可以在水中打獵，但這些動物的數量相對較少。有些貓會主動抓魚，但牠們是從岸上抓魚，或是鎖定淺水區的魚兒。某些特定地區的貓會抓魚，是透過學習得到了這種生存技巧。只要有好抓的魚，不管什麼體型的貓，從野貓到美洲豹，可能都會抓魚，東南亞地區的貓就很常抓魚。

至於不喜歡游泳，這一點就因貓而異了。有些貓其實很喜歡游泳呢！我曾目睹一幕有趣的畫面：一隻小貓放低身段，以尾巴先入水的姿態進入游泳池，以免弄得滿鼻子都是水，接著在游

泳池裡悠遊消暑，然後踩著臺階離開游泳池。土耳其梵貓這種貓最著名的舉動，就是偶爾會在夏天泡水消暑。

珍・羅德（Jan Rhode）

來自英國得文・艾克希特

■◊■◊■◊

萬不得已的時候，貓其實還挺會游泳的，很多貓之所以不喜歡游泳，是因為水對貓毛的影響。貓毛具有很好的絕緣效果，多虧了貓毛豎立在貓身上的方式，它有保溫防寒的效用。如果貓弄濕身體，毛浸了水，就會導致貓流失體溫，到了一定程度，還有可能會失溫。貓在雨中稍微弄濕是沒有大礙的，因為貓毛的表層防水，雨滴碰到貓毛後會自動彈開。所以說，用毛巾幫貓擦乾身體其實不是很有效，水分反而會越過防水層，更容易被下方的貓毛吸收。如果貓的身體真的很濕，最好把吹風機的風速設定在最小再幫牠吹乾。不過，大多數的貓都很怕吹風機，所以讓牠坐在火爐前面可能還比較實在。

說到這，貓真的很會抓魚。大概二十年前我們家養了一隻貓，牠時不時就會叼著雲斑魚回來。那隻貓抓魚的時候會先坐在河岸上，等有魚遊近的時候就伸出爪子撈魚，一掌將魚撈出水。無助的魚兒就這樣成了貓的大餐了。

查爾斯・史都華（Charles Stuart）

來自英國，薩莫塞特

　　雪豹、山貓和其他生活在寒冷地區的貓科動物會避免弄濕身體，因為水分會使貓毛失去保暖效用。其他生活在炎熱地區的貓科動物，例如：獅子、老虎、美洲豹，就會經常泡水消暑。據說來自土耳其東部梵湖（Lake Van）附近的土耳其梵貓，就會藉著游泳來躲避炎炎夏日，這種貓沒有一般貓身上有的底層絨毛，而且貓毛的質地就像喀什米爾羊毛一樣，具有防水功能。至於東南亞的漁貓就更厲害了，還會潛入水中抓魚。

　　曾經有漁貓從水下攻擊鴨子的報導記錄。

　　和一搬家貓相比，土耳其梵貓就算泡了水，身上的毛也不會太濕。不過可能是因為牠們必須花好幾個小時才能讓毛髮恢復正常狀態吧，家貓很討厭弄濕身體。只是凡事都有例外，有些家貓也很喜歡跟主人一起洗澡，或玩弄漏水的水龍頭。

麥克・發洛斯（Mike Follows）

來自英國西密德蘭，維倫荷

■♦■♦■♦

　　我的貓曾經在搭船的時候縱身一躍，跳出船游泳去了，大概遊了一百公尺吧！我猜牠可能是為了找同伴，或想吃沙丁魚。牠游泳的方式跟狗差不多，只有換氣的時候才把頭抬出水面（跟海豹很像）。還有一次，我們在漁網裡放了餌魚，牠還遊在網子後頭攻擊牠們呢！

　　我猜有些貓喜歡游泳，有些貓不太喜歡魚。

理查（Richard）

Email 來信解答，地址未提供

Q⁰⁵⁸ | 為什麼植物的花朵晚上會閉合？

為什麼到了晚上花朵會閉合？這麼做有什麼演化上的優勢？而且為什麼只有某些植物會這樣？

克雷格（Craig）

來自紐西蘭，基督城

A:

花朵到了晚上閉合，就像進入一種待命模式，這麼做是為了保護暫時用不到的脆弱生殖器官和花粉。

到了晚上，花粉會和露水分離，保持乾燥，隔天才好讓幫忙授粉的昆蟲帶到其他植株上去。其實就算黎明破曉，有些花朵依然會然保持閉合一段時間，直到氣溫夠暖和，露水得以蒸發的時候才重新綻放。

除了保護自己，花朵閉合還可以抵抗夜晚的低溫和惡劣天氣。有些植物會連苞葉這樣花朵周遭的強韌組織也閉合，避免植食性昆蟲的侵襲。這麼做既可以保持花粉乾燥、避免受到攻擊，還可以避開昆蟲帶來的真菌和細菌，而且花粉比較不容易變質。

說到底，這些適應行為全都是為了避免浪費花粉、保護花朵。對生存在資源有限，環境壓迫的植物而言，這是符合經濟效益的方法。既然要綻放新的花朵有困難，那就一定要好好保護既有的投資產品。至於在演化過程中，已經能夠善用豐富環

境資源的植物物種，它們就沒有這麼節儉了，它們的策略是能開花就開花，而不是任已經綻放的花朵在那兒開開關關。

植物的花朵也會配合特殊的生態環境。就拿需要蝙蝠授粉的野生鳳梨來說吧！這種鳳梨科的植物晚上才開花，跟一般花朵完全相反。它們這麼做，是為了避開白天活躍的象鼻蟲。

花瓣的閉合和綻放採用了相同的機制，不過並非所有植物都如此。以伽藍菜屬的植物為例，它們藉著花瓣內部表面細胞的生長，迫使花瓣往外展開，再藉由花瓣外部的表面細胞生長，迫使花瓣閉合。龍膽科植物的花朵則是透過花瓣細胞的擴張和收縮，來控制花朵的開閉。當植物遇到溫度變化或光線變化，體內的基因會做出回應，進而控制花朵的開閉，當然啦，花瓣開闔也會受到生物時鐘的影響。此外，基因可以調控花瓣細胞的含糖量，當花瓣細胞含糖量高的時候，水分會藉由滲透作用進入細胞內，使花瓣受壓而向外展開；要讓花朵閉合時，就減少水分讓花朵枯萎。

賽門・皮爾斯（Simon Pierce）

來自義大利瓦雷塞，英薩布裡亞大學

■ ◊ ■ ◊ ■ ◊

這個問題會因為花的類型、植物的目的不同有很多答案。花期長的花朵會重複閉合和綻放的動作，而有些花朵可能一天就謝了。

菊科就有許多花期很長的植物，好比松葉菊屬的植物（*Mesembryanthemum*，意指「中午開花」）為了保護生殖器官，

不受夜晚露水或冰霜的傷害，它們會在白天開花。陽光、露水、冰霜、風或昆蟲都有可能傷害花朵暴露在外的生殖器官，所以在無法吸引授粉者前來的時候，把花朵閉起來，可能會帶來生存上的優勢。同樣的，很多由蛾授粉的花朵只在夜晚散發芬芳香氣，在白天這麼做只是浪費。

有些植物的花朵綻放和閉合的時間之精準，讓園藝界曾經風行一種做法：把不同植物按照鐘面一樣分區種植，讓每一區的植物開花時間正好配合時鐘的時針。長久下來，只要沒出什麼問題，光是看花開到哪裡就能分辨時間了。

當然了，植物錯開開花的時間，就不必和其他植物競爭有限的授粉者。像蜜蜂，牠們會很快就能找出報酬率最高，開花時間固定的植物。毫無頭緒的胡亂訪花，對蜜蜂和花朵來說，都是一件沒有效率的事，這會提高授粉錯誤的機率，白白浪費時間和珍貴的花粉。

瓊·瑞奇菲爾德

來自南非，西薩莫塞特

Q⁰⁵⁹ | 一頭牛的奶要多久才能注滿大峽谷呢？

平均而言，一頭牛要產出可以注滿大峽谷的牛奶，需要多久時間？

尼古拉‧史坦萊（Nicola Stanley）

英國，劍橋

感謝讀者們踴躍回答這個問題！有學究派的讀者針對「平均」的定義爭論不休，也有讀者認為滿坑滿谷的牛奶實在太夢幻了！最後，我們決定從這些精采回答中選出最純粹的答案：根據大峽谷的容量以及乳牛的平均產乳量來計算。驚人的是，有許多讀者都算出跟下面第一位讀者很接近的答案。

—— 也想洗牛奶浴的編輯

A:

很顯然的，首先我們得讓科羅拉多河轉向，否則這會影響牛奶注入的效果。其次，必須在大峽谷建水壩留住牛奶。再來，因為大峽谷地處沙漠，我們必須備好超大容量的冰箱，以免牛奶全發酵變成乳酪。最後，為了避免牛奶蒸發，還必須把大峽谷密封起來才行。

等準備工作完成以後，我們再來討論牛的問題。在英國，一頭牛的年均產乳量是十五至二十公升，那就姑且算做是十七點五公升吧。大峽谷長四百四十六公里，平均寬度是十六公里，平均深度一點六公里，因此容量大約是一萬兆公升。簡單除一下，一頭牛要產生注滿大峽谷的牛奶，大概要花一兆八億年的時間。不過這是假設大峽谷橫截面是長方形所計算出的結果，如果大峽谷的橫截面是三角形，那就只需要一半的時間了。

現在，如果你不想等上這麼一段相當於地球年齡三百倍的時間，你可以把全球牛隻生產的牛奶都導入大峽谷。只是，這樣就還得多加裝一項設備：巨大的牛奶運輸管。除非你選擇用河水溶解奶粉，這樣可以降低鮮奶直送的運輸成本。聯合國糧食及農業組織估計，二〇〇四年，全球的牛奶產量是五億零四百萬噸，相當於四千八百九十億公升，以此計算，要讓牛奶注滿大峽谷，只需要花兩萬年左右的時間。好啦，不管怎麼掙扎，都要很久啦！

瓊・懷特（Jon White）

來自英國劍橋，蘭普頓

■♦■♦♦

這牽涉到牛奶運輸車的容積大小、運送牛奶所需的時間、運輸車裝卸牛奶的方式、改變牛奶吸收率及蒸發率的能力，還有這頭牛能不能有效堵住科羅拉多河的出口、留住牛奶。

至於其他考量……當然了，我們必須要考慮：一頭牛有沒

有可能全年無休、無時無刻的產奶？牠需不需要放個假？順帶一提，美國政府會怎麼補貼酪農？這下子實境秀節目又有全新的主題了。

鮑勃‧福萊德厚佛（Bob Friedhoffer）

來自美國，紐約市

Q⁰⁶⁰ | 為什麼我們很少看到鳥的屍體？

世界上明明就有那麼多、數量多得數也數不清的鳥，但是為什麼我們很少，甚至可說幾乎沒有看過鳥的屍體呢？

馬萊士‧波蘭德（Maurice Boland）

來自西班牙馬貝雅，REM FM 電台

A:

鳥死後，或其他動物死後，屍體的命運會如何發展，主要得看牠們的死因。如果一隻鳥被捕食者獵殺，可能很快就被吃光了，除了零落的羽毛外什麼都不剩。

另外，生病的動物通常會找個僻靜的地方躲起來。所以，如果一隻鳥病死或老死，牠的屍體恐怕會出現在常人難以接近的地方，在你有機會發現牠的遺骸之前，已經被螞蟻和其

他腐食性昆蟲解決了。

你唯一有機會看到鳥類屍體的可能，就跟我們會看到其他動物屍體的主要原因一樣，就是牠死在某種沒興趣吃牠的動物手上。最常見的例子就是路死動物；雖然說，大部分鳥兒移動速度快，身手也靈活，比起移動速度較慢的陸地動物，牠們比較少被車子撞死。不過，最近我父母到昆士蘭中部旅行，就看見路邊有好幾隻楔尾鵰的屍體。這種巨大的鳥類翼展寬度有二點五公尺，可惜就是起飛速度慢了點、身手鈍了點，使得牠們停在路邊時常會被車撞死。

說來諷刺，這些鵰是被其他路死動物的屍體所吸引，才會停在路邊。

賽門・艾佛森（Simon Iveson）

來自澳洲昆士蘭，克利夫蘭

■ ◌ ■ ◌ ■ ◌

對每一隻鳥兒的屍體而言，算牠們幸運，這世界上有許多埋葬蟲科的昆蟲會受到誘人的屍體味吸引，聞香而來，大老遠飛抵屍體所在位置。所以鳥兒的屍體可是昆蟲之間激烈競爭的美食。有時候身上帶著蟎類的甲蟲抵達鳥兒屍體之後，會立刻開始清除屍體上的青蠅卵或其他吃得比牠快的食腐昆蟲（http://bugguide.net/node/view/5957），這可以為甲蟲爭取一些時間，讓牠們在鳥屍下方大吃特吃，否則鳥屍很快就會被分解、消失。

一旦抵達動物屍體，甲蟲會馬上交配、為後代築巢。靠著口器和肛門的分泌物，埋葬蟲會做出一團混合鳥屍血肉的生殖

團塊，並且細心照顧著，直到幼蟲孵化。

　　幼蟲生活史的早期，父母會餵食牠們反芻食物，就像鳥對待雛鳥一樣。這種親代撫育的行為在非社會性昆蟲中非常罕見，不過埋葬蟲會照顧幼蟲直到幼蟲準備鑽進土裡化蛹。到那時，鳥屍大概也被吃得一乾二淨了。

瑪麗亞・傅萊姆林（Maria Fremlin）

來自英國，艾色克斯

■ ᕮ ■ ᕮ ᕮ

　　鳥類屍體會出現在某些特定地區，像是湖岸、河邊或海岸線附近，所以研究禽流感的人員才會鎖定這些地方；還有路旁也是常有鳥屍出現的地方，數量可達幾百萬隻。

　　鳥屍雖然很快就會被食腐動物吃光殆盡，不過大量釋放供獵禽類的地方，路邊還是會出現許多鳥屍。雖說狩獵不失為補充食材的好來源，但在英國，每到秋天，便會大量釋放超過兩千萬隻供人們狩獵的雉雞和紅腳石雞，我們真的必須考量這麼做會造成怎樣的生態衝擊（或者是道德衝擊）。

　　我建議大家不妨到蘇格蘭走一遭，看看路邊有多少死鳥。

伊恩・法蘭西斯（Ian Francis）

來自英國亞伯丁郡，阿爾福特

Q⁰⁶¹ | 狗知道自己是狗嗎？

　　我四歲的女兒問我狗知不知道自己是狗？她的寵物知道自己跟人不一樣嗎？或者狗只覺得我們是長得很奇怪的「狗」？或者牠覺得自己是很不一樣的「人」？

西莉亞・丹頓（Celia Denton）

來自英國北約克郡，史地靈頓

A:

　　這個問題讓我想起神經機械學者（Cyberneticist）史達佛・比爾（Stafford Beer）曾在一九七〇年代的《新科學家》上寫過一段話：「男人問：『孩子，你的狗叫什麼名字？』男孩回答：『我不知道，但我們都叫牠羅佛。』」

　　男孩的回答說明他認為狗有自己的心像（Mental Image，長期記憶中具備感（知）覺的記憶型態）而且也認為狗有自己的名字，但同時也承認了他無法看穿狗的心思。他說得沒錯：要回答上述問題有個很簡單，但是也可能無法令人太滿意的答案，那就是：我們不知道狗在想什麼。

　　不過，我們還是可以嘗試看看。只是在開始時有個前提，那就是要先排除不同物種對異與同的判斷。儘管布穀鳥的雛鳥怎麼看也不像蘆葦鶯的雛鳥，小巧的蘆葦鶯竟英勇地跑到布

穀鳥的巢裡去餵食布穀鳥的雛鳥（至少人類看不出牠們哪裡像啦），這說明了蘆葦鶯餵食雛鳥時，並沒有想到自己餵的是蘆葦鶯還是布穀鳥？牠只想到眼前的雛鳥需要吃東西而已。

對於「自己能吃的東西」（如兔子）、「對自己有威脅的東西」（如獅子）、潛在的交配對象、競爭對象，以及自己的後代，狗會產生特定的反應。此外，牠們就跟人類一樣，把其他各種生物當作是潛在的社會同伴或朋友。的確，你能養狗，狗也能忍受你，一開始就需要這樣的認知當基礎。建立、維持跟人類的社會關係，對狗的生活來說是很重要的關鍵。我認為提問者的狗把她當成朋友，就像提問者認為狗是自己的朋友一樣。祝你們人狗都好運！

安格斯・馬丁（Angus Martin）

來自澳洲維多利亞，康伯威爾

■🖒■🖒■🖒

犬科動物出生兩週後，眼睛睜開，耳朵也豎了起來，這時候就有發展社交關係的能力。在出生後二到十六週這段關鍵裡，幼犬學習到的社會規範會影響牠們一生的行為，包括尋找同類和適合的交配對象。著名的動物行為學家康納・羅倫茲（Konard Lorenz）研究灰雁的時候，發現人類養大的灰雁性成熟後傾向對人類求偶。

狗也會發生和灰雁一樣的混淆情形，把人類當成社會領袖和遊戲的對象。事實上，牠們就是把人類當成狗。同樣的，看顧家禽家畜的犬隻，就拿牧羊犬來說，出生幾週後就開始受訓練，

被帶離母狗身邊跟著綿羊一起長大。此後，牧羊犬永遠都會把綿羊當成家人，把綿羊當成建立社交關係的對象、保護牠們。

等到十六週後，這段快速學習和適應的期間結束，狗這輩子的社交技能差不多也固定了。這就是為什麼幼犬一出生就要和人類建立親密關係這件事如此重要。一般來說，我們會在寵物犬八到九週大的時候帶牠們回家，這時正好是幼犬發展社交關係期的中段，接下來只要好好照顧幼犬直到結束為期十六週的學習期，就可以建立與他們的關係。所以說，提問者問題裡的這隻狗，就算看著比牠高，身上又沒毛的夥伴，也不會覺得哪裡稀奇啦！

茱莉亞・艾克拉（Julia Ecklar）

來自美國賓州，特拉福

Q⁰⁶² | 為什麼夜行性的蛾會有趨光性？

蛾既然是夜行性動物，為什麼牠們還要急著往光源飛去？

來自英國國家廣播公司，第五頻道電台的聽眾

A:

蛾並不只有在晚上才會出來活動。許多蛾白天也一樣活躍，而且很多蛾是晝行性的生物，只在白天出沒。

十九至二十世紀著名的昆蟲學家法布爾（Jean-Henri Fabre）告訴我們，昆蟲的行為幾乎完全出自本能。他注意到細腰蜂屬的土蜂會先把毛毛蟲螫到癱瘓之後，再把毛毛蟲啣到牠剛挖好的地道口放著。接著，土蜂會爬進地道，可能是先進去看看裡面有沒有不速之趁著牠外出的時候鳩佔鵲巢，不久後又冒了出來，把毛毛蟲帶進地道裡，在牠身上產卵，然後把地道封起來。觀察到這樣的現象之後，法布爾開始趁每次土蜂進地道時，把毛毛蟲移得離洞口遠一點，發現土蜂還是會重複啣起毛毛蟲，再鑽進地道的檢查過程。

就算法布爾擾亂了土蜂，也沒辦法阻止牠做例行工作。土蜂花了很長時間才演化出了把毛蟲啣到洞口再鑽進地道檢查的行為，因此牠不可能在短時間內就發現自己所處的環境發生了變化，演化出另一種應對方式。蛾和土蜂一樣，也經歷了數百萬年的演化，演化過程中牠們從來不用面對夜間出現的人造燈光，而人類出現不過短短幾千年的時間，就給蛾製造了這些問題，牠們還沒有足夠的時間演化出適當對策。

理查‧達金斯（Richard Dawkins）的著作《上帝的迷思》（*The God Delusion*，Bantam出版社，二〇〇六年）一書，告訴了我們飛蛾會什麼會撲火。他的解釋一如老生常談，認為飛蛾以燭火當作飛航導引，錯把燭火當成月亮。這個說法認為蛾是根據光源的位置來設定飛行方向，必須不斷轉向以維持固定的相對方向，所以蛾的飛行路線會呈現螺旋形，無可避免的最後一定會撲火。但這個說法沒有告訴我們，為什麼許多種類的蛾只有雄蛾會受到燭火吸引，而少數幾種蛾，卻只有雌蛾會受到吸引。

再說，如果蛾需要導航指引，代表蛾是會進行遷徙的物種。然而大多時候蛾並不會遷徙，多數蛾種根本不需要遷徙，當然也不需要導航。而且以下這些昆蟲都會撲火：蠅、胡蜂、馬蜂、蜉蝣、石蠶蛾，這些昆蟲之中有許多平常是晝行性的昆蟲，而且絕大多數都鮮少遷徙，甚至根本不會遷徙。

那麼，牠們需要導航的目的是什麼呢？是尋找食物？還是尋找交配對象？在夏天的夜晚，雄蛾會憑藉氣味，而非燈光來決定飛行方向。就算空中雲層密佈，也不會影響牠們的行為。雄蛾在風中漫飛，尋找費洛蒙的來源，導引牠們找到雌蛾或是散發芬芳氣味的花朵，讓雄蛾可以飽餐一頓。至於雌蛾則要到交配結束後才會開始動作，藉著氣味尋找適合幼蟲的植物，在上面產卵。牠們並不需要月光、星星或燭光的指引。

我曾經花了幾千個小時，坐在燈光陷阱前面觀察昆蟲的行為，我覺得，大部分時候，牠們會循著燈光而來只是巧合，因為有許多昆蟲直接和燈光陷阱擦身而過，飛行路線絲毫沒有半點偏差。其他飛進燈光陷阱的昆蟲，找到地方附著後就靜止不動，行為與白天時無異。此外，不同種類的昆蟲似乎敏感度也不同，對光最敏感的昆蟲會停在離燈最遠的地方。雖然還是有些蛾會繞著燈打轉，不過從來沒有一隻衝撞燈。

那些朝著燈光飛過來的昆蟲，動作通常很劇烈，模樣看起來似乎很困惑。牠們好像是因為受到強光影響失去了方向感，而不是被強光所吸引。就像法布爾移動毛毛蟲一樣，光線似乎觸發了飛蛾的不正常行為，而牠們沒有任何可以因應的機制。

在我的觀察裡，飛蛾只有一種行為看起來比較正常，就是在夜晚時飛向透光的窗戶。任何受困在室內空間的昆蟲都會往

窗戶飛，本能告訴牠們，如果要從受限的空間逃脫，往最亮的地方飛準沒錯。蛾白天藏身在山洞或空穴，就算到了晚上，外面還是比這些地方亮，也就是說蛾無法分辨明亮光源和開闊空間的差別。

蛾會飛向強光，可能就是因為以上的機制。然而，前面提到的許多原因，都有可能影響這個現象。

特潤斯・侯林沃斯（Terence Hollingworth）

來自法國，布拉尼亞克

■♢■♢■♢

我聽過許多人問這個問題，也聽過許多不同角度的答案，但我還沒找到一個如伊恩・麥克伊旺（Ian McEwan）的小說《贖罪》（*Atonement*，中譯本由大田出版，二〇〇九年）一樣，讓我第一次讀到就為之深深著迷的答案，這本小說現在已被翻拍成電影，背景設定在一九三〇至一九四〇年代（小說中使用大量飛蛾撲火的意象：飛蛾明知往有亮光處飛會讓自己身陷危險，但卻仍無法克制自己，是因為在光的背後似乎有更深的黑暗在等著牠們。飛蛾追求的「最深的黑暗」是虛幻的，就像《贖罪》故事中幼年主角明確指出某件事的「真相」，但這「真相」卻是她目擊某事後產生的扭曲想像，是虛幻的）。順帶一提，儘管電影的場景多根據史實，我仍相信這個理論源自於一九七二年，生物醫學工程師蕭亨利（Henry Hsaio）所提出的見解。簡單來說，夜行性的蛾會飛向黑暗的地方，是因為牠們的感光構造非常簡單，所以認為光源（比如燈泡）前後的區域是最暗的地方。

可惜，昆蟲學家似乎不這麼認為，而且也從來也沒有人做實驗證明這個說法。

羅伯‧喬丹（Rob Jordan）

來自英國薩莫塞特，克羅斯

Q063 | 鴿子會流汗嗎？

鴿子會流汗嗎？如果不會，那又是為什麼？

來自英國倫敦，亨格福小學 3L 班

A:

　　只有哺乳類動物有汗腺，所以，答案是「否」，鴿子不會流汗。貓、鯨魚和囓齒類等哺乳類動物也幾乎沒有汗腺（汗腺的功用是幫助我們散熱），而鳥類則從來就沒有發展汗腺這樣的構造。在不會流汗的哺乳類身上，腎臟會負責處理分泌汗水，發熱和喘氣是這些動物降低體溫的方式。另外還有一種蒸發散熱的方式：過熱的貓除了喘氣以外，還可以用口水舔濕身上的毛髮。

　　鳥類的皮膚很乾燥，而且牠們的體溫通常會比哺乳類動物高，因此不需要像哺乳類那樣流汗散熱的方式。

　　牠們可以豎起絨羽，藉著通風達到降低皮膚溫度的目的，要保存熱能時再把絨羽攤平就好。此外，張開鳥喙喘氣也是一種蒸發

散熱的方式，所以南非人才會這麼說：「天氣熱到連烏鴉都打哈欠」。

氣溫非常炎熱的時候，許多鳥類，包括鴿子在內，會直接泡水消暑。

拜隆‧威爾森（Byron Wilson）

來自愛爾蘭，都柏林

■♻■♻■♻

鸛鳥、鷿鷈和禿鷲都擅長「尿汗」（Urohydrosis）：反正都要尿，不如尿在腿上順便降溫吧！因為鳥類的屎尿是混合在一起排出，所以鳥的排泄物總是濕濕的。「尿汗」可以讓附著在腳上的排泄物蒸發所需要的熱能，恰好可以讓透過血管網絡流到腿部表面的血液降溫。

先別急著怪罪鳥類這種噁心的降溫方式，別忘了，牠們的排泄物含有尿酸，是非常有效的防腐劑，對於老在腐屍上踩來踏去的禿鷲來說，這真是有用的好東西。

麥克‧發洛斯（Mike Follows）

來自英國西密德蘭，維倫荷

Q⁰⁶⁴ | 要多少倉鼠才能發電？

為了解決迫在眉睫的能源危機，不知道倉鼠能不能成為地球上新型態的環境友善能源呢？要為一

戶人家或一間工廠提供電力，需要多少隻倉鼠一起在轉輪上跑呢？

凱薩琳・海瑟靈頓（Catherine Hetherington）

來自英國，亞伯丁

感謝每一位運用物理、化學、數學知識幫忙計算供應倉鼠發電對全國，乃至於對全球的影響。可惜，大家算出來的數字都不一樣，甚至還有讀者爭論起倉鼠的平均體重到底是多少。不過不管怎樣，我們至少發現了大家都很懷疑倉鼠的發電能力。

——「人生是倉鼠滾輪，人就是那倉鼠」・編輯

A:

先假設一隻體重五十克的倉鼠，在傾斜三十度的斜坡上每秒可以跑動兩公尺。這樣輸出的能量相當於零點五瓦特。如果倉鼠在轉輪上跑動的時候也能輸出同樣的能量，那麼我們需要一百二十隻倉鼠拔腿狂奔，才能點亮一顆六十瓦的燈泡。

平均而言，一隻倉鼠一生在轉輪上跑動的時間不到壽命的百分之五，於是這下我們就需要兩千四百隻倉鼠才能點亮燈泡了。還不只這樣。在英國，平均每戶人家每年耗能超過一百億焦耳，大約相當於持續耗能兩千五百瓦。照這樣看來，每戶人家會需要十萬隻倉鼠負責供給電力，要是再乘上英國家庭數……太多老鼠了，保證會帶來一場環境及生態浩劫。

　　這還沒完，如果要用倉鼠發電，我們還需要僱請一大批動物行為專家來設計類似巴夫洛夫（Pavlov）的制約條件（巴夫洛夫為俄國心理學家，曾做了著名的制約實驗：狗會對食物分泌唾液，如果在提供食物之前先發出固定的聲響，一段時間後，即使沒有食物，狗聽到固定的聲響就會分泌唾液），讓倉鼠知道在用電尖峰時刻跳上轉輪。更別提倉鼠還是夜行性動物，要牠們配合人的用電量尖峰時刻工作，可能還會牽扯到動物福祉的問題。整體來看，光是要提供給英國的電力，就需要動員歐洲大陸上的每個人都擔起餵養、照顧倉鼠的責任。

　　不然……我們乾脆讓人類站上跑步機好了。雖然也許產生不了多少電力，但多少可以解決人類的肥胖問題。

麥克・發洛斯（Mike Follows）

來自英國西密德蘭，維倫荷

■👍■👍■👍

　　讓倉鼠來跑轉輪無益於解決能源危機，因為動物不能用來發電，牠們也是地球上消耗能源的一員。不如把倉鼠的食物燒了，好好利用燃燒產生的能量（這是電影《駭客任務》中被忽視的一幕，人類被電腦用來當作產熱能源）。

約翰・伍茲（John Woods）

來自英國華威郡，斯特拉福亞芬

■👍■👍■👍

根據美國中情局的網站，二〇〇三年全球的電能消耗是十五點四五兆千瓦小時。在理想狀況下，要產生這樣的能量大概需要一兆四千五百八十萬隻倉鼠。倉鼠的平均壽命是二年半，也就是說如果我們在二〇〇三年開始就以倉鼠發電，那麼至今（二〇〇七年）已經為發電捐軀的倉鼠，總重已累積超過二十億噸，而且家家戶戶後院都得有焚化爐才行。這肯定會對環境和社經層面帶來毀滅性的衝擊。因此，身為假技術人員的我，有責任宣佈：這種新能源最好還是留在小說世界裡吧！

班‧帕德曼（Ben Padman）

來自西澳，伯斯

■♦■♦■♦

　　這問題不在於倉鼠是不是對環境友善的能源，而是這種做法對動物福祉友不友善？身為獸醫學院的學生，我曾花時間研究倉鼠跑轉輪的現象。顯然被圈養在籠子裡的倉鼠很喜歡跑轉輪，但讓研究人員困惑的是：牠們為什麼要這麼做？

　　這種行為到底是不是一種刻板行為（Stereotypic behavior）——重複、無變化，沒有明顯功能的行為（就像人類的強迫症一樣），還是因為環境不夠理想導致的？就算倉鼠跑轉輪不是一種刻板行為，也有更進一步的爭議認為這是不是和動物福祉低下有關，因為這活動也許是圈養生活中牠們唯一能做的事了。

　　研究結果發現，給倉鼠厚度八公分以上的鋪墊，讓牠們可以盡情發揮挖掘本能，這時牠們跑轉輪的現象就大為減少，其他如啃電線之類刻板行為也都停止。這表示，我們應該重新思

考飼養倉鼠的環境。也許找到方法訓練倉鼠挖掘地道，是比解決能源危機更好的做法。

莎拉‧布利爾斯（Sarah Briars）

來自英國貝德福郡，謝佛德

■👍■👍■👍

全世界的年均耗能量大約是 5×10^{18} 焦耳。一隻倉鼠每天需要十五克的食物。假設倉鼠吃小麥，每一百公克小麥含有一百四十萬焦耳。如果我們假設倉鼠食物中的化學能轉換成可用能量的效率，相當於發電廠和火爐的效率，那麼六兆五千億隻倉鼠一起跑動轉輪才能供給全世界的能量需求。換個比較好想像的方式來說，在英國，平均每戶人家一年要消耗八百億焦耳的能量，相當於一千隻倉鼠持續不斷跑動才能產生的能量。

要餵養全世界共六兆五千億隻倉鼠的缺點，在於每年必須提供三千六百億噸的小麥給牠們吃，相當於目前全球小麥產量的六十倍。

這正好說明了一件事：全球能源危機的肇因不只來自於過度使用化石燃料，也不能只靠再生能源來解決。這樣的規模實在太龐大，而大規模的使用再生能源一樣也會有其缺失。透過節約能源使用，換句話說，改變我們生活的方式，才是面對能源危機和氣候變遷的根本之道。正因如此，政治人物發現想要解決這個問題幾乎是不可能的任務。

菲利浦‧瓦德（Philip Ward）

來自英國南約克郡，雪菲爾德

當然啦，如果真的用倉鼠發電，一旦替你產生能源的倉鼠壽終正寢，你必須帶著景仰的心情，替牠們辦場體面的葬禮。

———————— 曾經幫螞蟻辦過風光葬禮的編輯

Q^{065} | 蜘蛛會喝水嗎？

蜘蛛會喝水嗎？如果不會，牠們如何解決口渴的問題？

莎拉・凱西迪（Sarah Cassidy）
來自英國

A:

會，蜘蛛會喝水。在野外，植被、地面上的水滴，或是晨暮時分凝結在蜘蛛網上的露水，都是蜘蛛的水分來源。至於被豢養的蜘蛛，體型小的，可以用小瓶蓋或濕海綿供水，至於像狼蛛這樣體型大的蜘蛛，則可以選用小水碟盛水。

偶爾會聽到這種說法：蜘蛛之所以住在下水道這麼神祕的地方，是為了要喝水。但事實上這是因為對建築物裡的蜘蛛來說，最好的水分來源就是水頭龍、蓮蓬頭以及水槽邊緣殘留的

水滴。當然啦，因爲水槽或浴缸表面太光滑，蜘蛛根本無法攀爬，才只好往下水道逃脫。

> 尚恩・萊納漢（Sean Lenahan）
> 來自英國蘭卡斯特大學，卡美爾學院

■☆■☆■☆

　　跟所有動物一樣，蜘蛛也必須規律的攝入水分。不同種類的蜘蛛各有不同的解渴方式。就拿出沒在沙漠的吠蛛來說，牠挖掘的地道約有一公尺長，覆滿一層薄絲網，藉此保持地道的濕度。露水或偶然的降雨都會被地道入口附近覆有絲線的低矮土丘給吸收。其他種類的蜘蛛，像是郎蛛，則採用更簡單的策略：直接喝晨間的露水。附帶一提，有些蜘蛛還會吃花蜜。

> 保羅・潘（Paul Peng）
> 來自澳洲北領地，納卡拉

■☆■☆■☆

　　大部分的蜘蛛，像一般常見的園蛛，早上做的第一件事就是把自己織的網吃掉。這麼做的同時可以攝入凝結在網上的露水。其他蜘蛛，像鞭蛛，則可以利用螯肢取水來喝。

　　黑寡婦或紅背蜘蛛完全不需要喝水，牠們吸乾獵物的同時就可以獲得身體所需的水分。至於狼蛛，則喜歡喝樹葉或落葉上的水滴。

　　除了部分蜘蛛外，還有些其他生物（包括一些哺乳類）也是不用喝水的。比如無尾熊，牠的英文名字「koala」來自澳洲

原住民語，意思就是「不喝水」。他們藉著吃樹葉獲得所需的水分，比如樹幹光滑的桉樹。

路易士·藍屈（Louise Lench）

來自英國倫敦

■ ✋ ■ ✋ ■ ✋

幾年前，我看到廚房窗外有一片雪花飄落在蜘蛛網上。一般而言，除非蜘蛛網上傳來獵物掙扎產生的震動，否則蜘蛛不會對蜘蛛網上的東西有反應，但我卻看見蜘蛛奔向那一片雪花，這真是太讓人驚訝了。等那隻蜘蛛趕到雪花旁時，雪花已經融成水珠，牠便用頭抵著水珠暢飲了起來，把那滴水喝得精光。

諾曼·派特森（Norman Paterson）

來自英國伐夫郡

■ ✋ ■ ✋ ■ ✋

澳洲博物學家丹希·克藍（Densey Cline）曾說過一起令人印象深刻的蜘蛛喝水案例。

一覺醒來，她發現床邊桌上躺了一隻乾巴巴的高腳蛛屍體，而且還發現玻璃杯裡有一條又長又嚇人的寄生蟲。她據此推測成熟的寄生蟲需要水分才能完成生活史，所以透過讓蜘蛛渴得不得了的方式，驅使受它感染的蜘蛛到離牠最近的水源。

凱特·奇密爾（Kate Chmiel）

來自澳洲維多利亞

Q⁰⁶⁶ | 在蛹裡的昆蟲還活著嗎？

當昆蟲在繭裡進行變態的時候，會變成糊糊的漿狀物質，這時候的昆蟲還活著嗎？如果是這樣，牠們到底用什麼方式活著？

瑪德蓮・庫克，七歲（Madeleine Cooke）

來自英國懷特島

A:

許多正在進行變態的昆蟲，蛹體的多數細胞的確會分解變成漿狀的物質，不過也會有保持完整形狀的細胞團塊。漿狀的物質就是細胞團塊的營養來源，接著這些細胞團塊會分裂，發育成腿、眼睛、翅膀、觸角……等等，變成成蟲的身體組織。

這些漿狀物質就像卵黃，細胞團塊就像是新生卵中的胚胎。在一些罕見例子當中，比如拿真菌蚋來說，新的胚胎可以從單一隻幼蟲分裂成許多「雙胞胎」成蟲，這種現象叫做多胚生殖。

馬丁・哈利斯（Martin Harris）

來自澳洲

■👍■👍

正在經歷變態的昆蟲不管身體變成什麼樣的狀態，都還是活著的。因為每個細胞都是活著的，它們彼此間以互相協調的方式生長分裂，形成成蟲體內的器官。任何生物都不可能在某個發育階段死去以後，在下個發育階段又活過來，因為死亡是不可逆的過程。

　　然而，像昆蟲這種多細胞生物的死亡，必須從許多不同的組織層次來定義：整個身體、器官和組織；最後還有個體細胞的層次。少了器官和細胞，身體無法存活，但器官和細胞不需要身體也可以存活。如果把昆蟲的繭壓爛，裡面的幼蟲保證沒命，但當中的許多細胞依然活著，至少可以存活一段時間。因此，就算多細胞生物最高層次的組織（昆蟲個體）死亡了，多數器官和細胞（繭裡面黏糊糊的物質）還是可以存活。如果不是這樣，世界上也不會有器官移植或細胞培養這些事情，你說是嗎？

艾登‧歐斯坦（Aydin Orstan）

來自美國馬里蘭，日爾曼鎮

■◌■◌■◌

　　怎樣才叫活著呢？是指發育成人體的那一團胚囊細胞有沒有活著嗎？這團細胞不會呼吸、不會思考，也感覺不到疼痛，但這團細胞是活的，就像昆蟲繭裡的漿狀細胞。人類的胚囊細胞或昆蟲的漿狀細胞會進行新陳代謝、分裂，對環境也會做出回應——如果這不是生命，什麼才是生命呢？

羅傑‧摩頓（Roger Mroton）

來自澳洲首都特區，敦洛普

Q⁰⁶⁷ | 甲蟲為什麼會被植物的刺刺穿？

在澳洲鄉間騎腳踏車恣意馳騁的時候，我看見低矮灌木叢的尖刺刺穿了一隻不幸的昆蟲。在這之前連刮了幾天大風，因此我只能假設這隻昆蟲是被風吹到了尖刺上。那根尖刺先是刺穿了昆蟲的翅鞘，接著穿過昆蟲的身體。究竟這種事情是怎麼發生的？

保羅・沃爾登（Paul Worden）

來自澳洲維多利亞，波特蘭

A：

澳洲動物期刊確實刊登過這樣的文獻，描述昆蟲（大部分是金龜子）被植物的尖刺或是鐵絲網刺穿身體，不過這種例子很少見。

這些尖刺不太可能光憑風力的幫助就刺穿昆蟲的翅鞘，畢竟這是甲蟲特化變硬的前翅，是用來保護柔軟的飛行翅的。就像蒐集昆蟲標本的愛好者必須用蟲針刺穿甲蟲時碰到的問題，翅鞘是堅硬的外骨骼，應該會讓要插入的蟲針或尖刺偏離方向。甲蟲在飛行時，翅鞘被刺穿的機會很小，因為飛行時翅鞘是張開的，跟蟲體之間有段距離，如果被戳刺，翅鞘會收合回來蓋在身體上。

比較有可能造成提問者所說的情況的，是甲蟲攀附在樹枝上，而樹枝正好被強風吹落掉到地上，使得尖刺刺穿了甲蟲。

不然，也有可能是強風造成樹枝彼此拍打，尖刺正好刺穿了攀附在另一根枝幹上的甲蟲。

伊恩・費斯佛（Ian Faithfull）

來自澳洲維多利亞，喀拉木唐斯

■♻■♻■♻

　　飛行中的糞金龜就經常撞鐵絲網。我在新南威爾斯（New South Wales）常看到被刺穿身體的昆蟲。

托錫・可奈爾（Toshi Knell）

來自澳洲新南威爾斯，瑙拉

■♻■♻■♻

　　其實，這種景象在某些地方很常見。可憐的甲蟲可能不是不小心經過那裏，而是被「放」在那裡的。

　　在維多利亞，這樁慘案的兇手可能是灰鐘雀。這種捕食性鳥類體型跟小型鴿子差不多，會吃體型大的昆蟲、小型哺乳類動物和其他鳥類。牠們會把獵物串在植物尖刺上固定，因為這樣吃起來比較方便。有時候，牠們會先把獵物串在尖刺上，留著當點心吃。如果這種鳥的築巢地點附近有適當的灌木叢，上面就可能插滿了受害獵物，有時候甚至可以在這修羅場裡見到家禽的幼雛。

　　曾有記錄指出，一陣寒雨過後，返巢的灰鐘雀發現巢裡的三隻雛鳥已經死了，於是牠把雛鳥屍體叼離鳥巢，掛在附近用

來儲存食物的灌木叢，過幾天又回來把雛鳥的屍體吃了。

常見於歐亞大陸、非洲和北美洲的伯勞鳥（有時與鐘雀共用英文俗名Butcherbird，但牠們並不是同一種鳥），也有相似的習性。

羅伯·羅賓森（Rob Robinson）

來自英國諾福克，英國鳥類學信託基金會

Q⁰⁶⁸ | 昆蟲的飛行路徑為什麼這麼亂？

為什麼昆蟲不像鳥類一樣直線飛行？尤其是蠅、胡蜂和蜜蜂，牠們的飛行路徑似乎很混亂，而且還會不斷繞圈圈。這樣亂飛不是很浪費體力嗎？

麥克·麥卡洛（Mike McCullough）

來自英國蘭開郡，普雷斯頓

A:

其實鳥也很少直線飛行。任何可稱為鳥類學家的高手，光憑著觀察鳥的飛行路徑，就能分辨出許多不同種類的鳥。因為如果是飛向視野中的目標，鳥類會採取直線飛行，但如果要進行長途跋涉，為了節省體力，牠們會根據腦中對地形的認知來選擇更複雜的遷徙途徑。

昆蟲的飛行路徑變化更大。一般來說，昆蟲的視力很差，

爲了彌補這個弱點，牠們的飛行路徑必須能提供更多的視覺空間資訊。

當昆蟲腦中有了既定的飛行途徑，多數會選擇直線飛行，被昆蟲叮過的人都知道這一點。又或者是碰到威脅的蜜蜂，牠們一開始會嗡嗡亂飛，但真正要攻擊的時候，路徑就像子彈的彈道一樣筆直。至於覓食、跟隨氣味、尋找配偶或在領域裡巡邏時，昆蟲的飛行路徑就不是筆直的了，會採取跟鳥類相似的模式。

我們之所以覺得昆蟲好像在亂飛，而大型鳥類飛起來整齊劃一，這不是生理上的差異，而是跟這兩者的體型差異有關，因爲體型大小會影響翅膀的動作，也會影響保持固定隊形飛行會獲得多少好處。比方說，一群像燕八哥或奈利亞雀這樣的小鳥，飛起來的樣子就可能跟一群蝗蟲差不多。

瓊·瑞奇菲爾德

來自南非，西薩莫塞特

■👍■👍■👍

要評斷昆蟲的飛行之前，得先看你是怎麼觀察的。

如果你觀察的距離只有一公尺，你會發現昆蟲是筆直飛行的，然後可能就此下結論，認爲昆蟲一直都採取直線飛行的模式。如果你觀察的距離是一公里，那麼你看到的飛行模式就會截然不同。

昆蟲覓食的時候，飛行途徑所呈現的是由遠距和短距離飛行組合起來的樣貌，每一段飛行都和前一段飛行有些微的角度差。短距離的飛行比較頻繁，長距離的飛行則相當罕見。這種

飛行模式稱爲「列維飛行（Lévy flight）」，是最好的搜尋方式。昆蟲看起來好像在亂飛，但實則不然，牠們飛行路徑的角度和距離都符合定義精準的統計分佈。以蜜蜂爲例，一旦知道食物在哪裡，說來驚人，牠們可以持續好幾公里的直線飛行。對昆蟲而言，當牠們不「隨機飛行」的時候，直線是最好、有效率的飛行路徑。

奧塔維歐・米拉蒙提斯（Octavio Miramontes）

來自墨西哥，墨西哥市

■◊■◊■◊

昆蟲的視力不像哺乳類動物或鳥類那麼銳利，牠們的複眼利於偵測動作，所以無法精準定位遠方的物體。因此，昆蟲要前往特定目標時，會傾向選擇搖來擺去的飛行路徑。

此外，許多昆蟲的飛行導航指引是氣味。就拿寄生蜂尋找毛毛蟲當作產卵場所這件事來舉例，爲了找到毛毛蟲，寄生蜂必須平衡兩根觸角接收到的氣味訊號，這時牠需要左搖右擺的飛行路徑，才能鎖定氣味來源。當昆蟲靠近要尋找的目標時，左搖右晃的姿態會開始慢下來，最後牠的動作會變得非常精準、快速，就像蜻蜓在捕捉空中獵物一樣。

這種「隨機」的動作是昆蟲感官系統的直覺反應。

說起來，人類是依靠視覺在這個世界上行動的。你可以試著把眼睛閉上，看看自己能不能找出放在房間裡的香水瓶。

彼得・史考特（Peter Scott）

來自英國布萊頓，索塞克斯大學生命科學院

如果讀者對人類接受訓練後變得像狗或其他動物一樣能以氣味作為線索有興趣，歡迎造訪我們《新科學家》的網站，以下這個故事相信可以帶給大家很多啟發：〈釋放你內心那頭大警犬——開始用鼻子聞吧！〉（www.newscientist.com/article/dn10810）

————— 總是可以聞出鄰居正在炒芹菜的編輯

像這種飛行路徑有效率又直接，但可讓蝙蝠、鳥、青蛙等等動物預測，抓來毫不費力的昆蟲，我想演化會毫不留情的消滅牠們。我猜，這也是飛行路徑變來變去的昆蟲能活到現在的原因。

彼得‧崔雷格特（Peter Tredgett）

來自英國格內溫斯，蘭貝德羅格

Q⁰⁶⁹ | 大象會打噴嚏嗎？

大象會打噴嚏嗎？

羅賓‧萊因德（Robin Rhind）

來自英國，倫敦

A:

我住在波札那共和國的北部，經常在住家附近有樹叢的野地露營紮營。對我來說，目前體驗非洲夜晚最舒服的方式就是睡

在蚊帳下，而不是睡在帳篷裡，雖然你可能不想像我一樣，被靠過來的獅子、鬣狗、河馬和大象盤查一番——那真的很刺激呢！

有一回，一位朋友告訴我，睡在蚊帳裡的他半夜醒來，發現自己睜眼竟看不見天上的星星。一開始他以為是雲層太厚，可能要下雨了，但是當他眼睛聚焦得更清楚時，才發現他看見的是大象的腹部。好奇的大象正用鼻子隔著蚊帳聞我朋友的味道。突然，大象鼻子用力一噴，我那朋友的臉上就佈滿了象鼻裡的黏液。打完噴嚏的大象後來小心翼翼的越過蚊帳，就這麼走了。

打噴嚏是一種不隨意反應（Involuntary response），用意在移除鼻腔通道的異物或多餘物質。大象跟其他哺乳類一樣，鼻腔裡也會跑進異物，所以也會像狗、貓和人一樣打噴嚏。

所以，沒錯——大象會打噴嚏。

約翰・華特斯（John Walters）
來自波箚那，拉科普斯

■♂■♂■♂

我曾經在動物園餵大象吃東西的時候，碰過大象打噴嚏；當時有個孩子手裡捧的不是要給大象吃的食物，而是胡椒。

我看著大象伸出鼻子，把胡椒吸進象鼻裡，接下來發生的事就稱不上體面了。大象噴了幾次氣，甩了幾次長鼻子，然後打了一個超級劇烈的噴嚏，彷彿是一場從消防水管裡猛竄出來的颶風。

這個惡作劇的孩子後來被請出了動物園，而幸好大象打出這個史詩級的噴嚏之後，並無大礙。

Eamil 來信解答，姓名及地址未提供

大象的確會打噴嚏。象鼻內膜很厚，所以更不容易受到刺激干擾，不過有些非洲農夫發現，辣椒能夠很有效的趕走大象，因此為了保護農作物不被大象吃掉或是踩踏蹂躪，他們會在農田四周種下辣椒種子，並在夜裡燃燒加了辣椒的糞餅。

「大象胡椒發展基金會」（Elephant Pepper Development Trust）還幫助農夫研發使用辣椒或辣椒油的技術，好讓大象遠離農園，避免人與動物發生衝突。

喬治亞

Email 來信解答，地址未提供

Q⁰⁷⁰ | 月亮的陰晴圓缺會影響多肉植物開花嗎？

昨晚，我的螺旋仙人柱（Cereus forbesii）盆栽開花了，剛好碰上滿月。在孟加拉，我照顧的西施仙人柱（Selenicereus grandifloras）也總是在滿月，或滿月後幾天就開花，偶爾才會在新月的時候開。月亮的陰晴圓缺到底如何影響多肉植物開花呢？

休・布拉莫（Hugh Brammer）

email 來信提問，地址未提供

A:

月光掌屬的植物會在夜晚開花，這時氣溫低，幫助授粉的動物也開始出來活動。在夜晚綻放的白花格外顯眼，在滿月的光輝照射下會更加醒目，所以從演化的角度來看，在晚上開花很合理。

有足夠的證據指出植物能感受夜晚的長短，而夜的長短正是觸發植物開花的因數。像滿月這樣的強光照射會改變植物對黑夜的感知，因此可能也會對開花造成影響，不過這個說法目前沒有科學證據的支持。

此外，六角柱屬、月光掌屬的植物開花和滿月之間的關係，我在網路上也蒐尋不到多少相關資料。因此提問者觀察到的現象，可能只是個巧合。

陰曆一個月有二十八天，其中有三天是月光最亮的時候（滿月前後）。所以說，植物每個月會有九分之一的機會在滿月時開花。我猜，如果植物在其他時候開花，這個觀察就沒有什麼特別之處，也不值一提。

P・史考特（P. Scott）

來自英國東索塞克斯，索塞克斯大學生命科學院

■◊■◊■◊

我的溫室裡有西施仙人柱的標本，它在一九九八年的時候開了七朵花。第一朵花開是六月二十或二十一日的晚上，其他花朵則是在接下來兩週的時間內規律的綻放。最後一朵花開在七月五日晚上。六月二十四日正值新月，七月一日則是上弦月，這麼一

來很難推斷我的仙人掌開花，到底是受到了新月還是滿月的影響。

提問者的這個問題引起了我的興趣，所以我做了點功課。我發現，以色列內蓋夫（Negev）本古里昂大學的尤瑟夫·米茲拉希（Yosef Mizrahi）做了相關的研究。他和他的團隊正在研究蔓性仙人掌三角柱屬（Hylocereus）和月光掌屬植物作為果樹的可能性：他的團隊從這兩屬植物的基因庫中找出了二百四十種以上的基因型。

我寫了封電子郵件，拿提問者的問題問了尤瑟夫。他回答我：這些種類的植物會在不同時間開花，他和他的團隊目前並沒有觀察到滿月是不是誘發這些植物開花的原因。雖然他也坦承，他的研究並沒有積極的注意這個現象。

崔佛·李亞（Trevor Lea）

來自英國，牛津

■♧■♧■♧

「⋯對於從不存在的事情感到好奇，甚至孜孜不倦的尋找答案，實在是再愚蠢不過的事情，為此我們應該小心謹慎，在努力尋找一個現象的起因時，一定要完全確定它的真實性。」
──約翰·韋伯斯特（John Webster），《揭開巫術的面紗》（*The Displaying of Supposed Witchcraft*）

我種仙人掌的經驗已經超過一甲子，也聽人說過這樣的現象好幾次。雖然許多仙人掌植物會在夜晚開花，我卻沒有觀察到這和月相有任何關聯。我有上百張仙人掌開花的照片，有些甚至刊登在雜誌上，這些照片都是用數位相機拍攝的，也自動

標示了日期。檢查這些紀錄在照片上的植物開花時間和當時的月相之後，我可以告訴你：這兩者之間沒有關聯。這也是為什麼我引述了上面那段話。

大型花朵的水分喪失得很快，所以仙人掌的花期有限。就以 *Micranthocerues purpureus* 為例，這種仙人掌只在日落後開花，隔天早天花朵就完全閉合，直到日落時才會再打開。

吉姆・蘭（Jim Ring）

來自紐西蘭

Q⁰⁷¹ | 馬會暈車嗎？

我曾騎著摩托車長途旅行。有次，我跟在運送馬的車子後頭，看著車廂裡的馬，我不禁想著：「馬會暈車嗎？」除了人以外，還有哪些動物得忍受動暈症的折磨？

尼爾・包利（Neil Bowley）

來自英國諾丁罕郡

A:

因為控制食道瓣膜的肌肉很緊繃，除非遇到非常極端的狀況，否則馬沒有辦法嘔吐，所以我們也很難知道馬到底有沒有想吐的感覺。其它單胃動物是可以嘔吐的，第一次坐車的小貓

小狗就很常嘔吐，不過牠們很快就能適應。在英國，神經激受體-1拮抗劑，近來已經成爲治療狗狗動暈症的核准藥物，可以抑制狗想要嘔吐的衝動。

詹姆士‧杭特（James Hunt）

來自英國薩莫塞特郡，陶頓

■♦■♦■♦

　　動暈症在動物界很常見，各種家禽家畜都會受影響。暈車的狗不只看起來很可憐，還會把環境搞得一團亂。詹‧迪‧哈托格（Jan De Hartog）在他的不朽巨著《水手的生活》一書裡就曾提到：「細數我的海上生活，最糟糕的回憶跟牛有關。經歷過這種事的水手，有兩件事情絕對不會忘記，一是牠們可憐的模樣，一是那種可怕的味道……牛會暈船，搖來晃去的船身把牠們的理智都搖掉了。看到暈船的猴子或小狗，可能還會覺得牠們很可愛，處理起來也還算輕鬆，但是面對五百頭因爲暈船而痛苦掙扎的牛，那簡直是惡夢……」他也提到了馬會暈船的狀況，甚至是魚，只要碰到不適合的運送狀況，一樣會產生方向錯亂的反應。

　　動暈症很普遍，因爲所有的脊椎動物體內的器官都需要保持平衡，而這個平衡的感覺又和其它感受身體直立的感官回饋有關。當移動的狀況引起視覺和其他感官的資訊產生衝突，比較敏感的腦子會認爲這種方向錯亂的現象，是因爲攝入有毒物質造成的，所以嘔吐是清理腸道的最好方法。

瓊‧瑞奇菲爾德

來自南非，西薩莫塞特

羅伯·史考特（Robert Falcon Scott）和恩內斯特·薛克頓（Ernest Shackleton）都帶著馬到南極探險。過程中他們也遇到許多惡劣的天氣，兩人也都注意到動物受到多大的影響，不過，一旦暴風雨趨緩，動物的活力就恢復了。同樣的，史考特的狗遭遇暴風雨的時候，多數時候不是蜷起身子，就是大聲嚎叫。動物的聽覺系統跟我們相差不多，當聽覺系統和視覺系統的感官資訊互相衝突的時候，牠們也會為動暈症所苦。

提姆·布利格納爾（Tim Brignall）

來自英國，布里斯托

Q⁰⁷² | 為什麼動物會舔傷口？

我知道有些動物處理簡單傷勢的方法就是舔傷口。我想問的是：有動物會像人類一樣，互相處理彼此的傷口嗎？還有，如果真的有動物會像人類一樣幫彼此處理傷口，牠們用的是類似「醫療處理」般細緻的方法嗎？

大衛·陶伯（David Taub）

來自瑞典，卡爾斯塔

A:

舔彼此或自己的傷口，是哺乳類動物處理傷口最常見的方式。據信這樣的行為可以回溯到最早期的哺乳類動物。

一般而言，唾液有殺菌的功效，對傷口組織有益，對活組織不會有太大傷害，還可幫助死掉的組織脫落或再生。

動物會發展出這樣的習性，無疑是綜合了自身對疼痛的防禦性反應，和吃掉體液和身體皮屑的本能。事實上，許多雌性動物都會舔拭生病的後代，如果病況沒有改善，牠們可能會吃了自己的孩子。如果在育兒時受到干擾，雌性動物也有可能因此吃掉其他的孩子，特別是幼獸還很小的時候。

用符合衛生保健的方式去治病和處理傷口，尤其是針對其他個體的行為，這是人類才有的。然而，這得看你如何界定「治療」的定義。鳥類之間類似治療的行為包括生病時進行沙浴、躲藏、休息，還有洗「蟻浴」──鳥兒會用翅膀摩娑螞蟻，讓螞蟻分泌抗微生物的化學物質。此外，鳥類和哺乳類動物會吃黏土來中和食物中的有毒物質，有些黑猩猩生病時還會咀嚼味道辛辣的樹葉，也許這樣可以控制寄生蟲。既然各地區的植物相和動物的習慣不盡相同，那麼這些做法顯然是透過世代傳承保留下來的。

瓊．瑞奇菲爾德

來自南非，西薩莫塞特

■👍■👍👍■👍

唾液中混合了各種酵素，許多酵素具有抗菌的性質。此外，唾液還含有表皮生長因子，可以促進傷口癒合，再者，舔拭的動作可以清瘡，移除汙染傷口的物質。當然了，唾液同時也含有大量的細菌，不過幸好這些多數是益菌或對傷口無害的細菌，目前也沒有證據顯示舔舐有害於傷口癒合。

哈利斯（D. L. Harris）

Email 來信解答，地址未提供

■♂■♂■♂

祕魯鸚鵡有種著名的行為：食土癖，牠們會吃河岸上的黏土。吃砂石或土這種行為常見於動物和鳥類，但這是為了吞下礫石幫助磨碎砂囊裡的食物，或者補充必需的礦物質。鸚鵡只吃特定的黏土，這種黏土既不含生物所需的重要礦物質，質地也過於細緻，無法擠壓研磨砂囊裡的食物，這是一種自療行為，是為了避免食物中毒。黏土帶正電，到了鳥的胃裡之後，會和帶負電的毒性生物鹼結合；鳥類體內會有這些毒性生物鹼，是因為吃了未成熟的果實和種子。如此一來可以保護鸚鵡不受生物鹼的影響，而且比起其他無法消化未成熟食物的動物和鳥類，牠們更有生態上的優勢。

派崔克・華特（Patrick Walter）

來自英國，倫敦

■♂■♂■♂

前一位讀者提到：「……唾液同時也含有大量的細菌，不過幸好這些多數是益菌或對傷口無害的細菌，目前也沒有證據顯示舔舐有害於傷口癒合。」

事實正好相反，有許多有利的證據指出這些細菌（包括鏈球菌和巴氏桿菌）能夠在傷口上增殖，嚴重阻撓傷口癒合。狗和貓之所以會戴上伊莉莎白項圈，就是為了保護手術後的傷口及創傷傷口，避免舔舐帶來的壞處。我強烈反對飼主放任寵物舔舐傷口。

還有另一個更有說服力的說法，可以解釋動物舔傷口的原因。肉食動物享受舔傷口的感覺，就跟牠們喜歡舔骨頭是一樣的：畢竟兩者味道很像。

麥克·法瑞爾（Mike Farrell）

來自英國格洛斯哥大學，小型動物手術專業人士

Q⁰⁷³ | 為什麼梨子是梨子、蘋果是蘋果？

為什麼梨子是梨子的形狀，而不像蘋果是圓球形的？

約翰·葛利費茲（John Griffiths）

來自英國倫敦

A:

　　蘋果、梨、枇杷、榲桲，以及其他火棘屬相關植物的果實，正是所謂的仁果（由花托發育而成的肥厚果肉）。仁果的果肉部分是由莖和心皮之間的組織發育而來，心皮就是花朵中雌性生殖器的部分。

　　植物的荷爾蒙又叫做生長素，生長素在植株內的分佈受到基因調控，引導植株各種組織的生長和形成，包括果實的形狀。只要最後的結果不會導致植物處於劣勢，那麼天擇過程不會影響果實的形狀。

　　因此，如果提問者想要問的問題是：梨子長成這種形狀有沒有特殊的目的或功能？那答案可能是否定的。實際上，有些品種的梨形狀也跟蘋果差不多。至於為什麼會有形狀不像蘋果的梨，我們大概也可以推論出原因。遠古時代的梨可能因為果實夾藏在樹葉之間，或是因為發展出比較長的形狀而受益——使果實比野生蘋果的果實更軟、更大——這麼一來，梨子的果實也比較不會在未成熟的時候就落果。或者，發展成這樣的果形，可以讓遠古時候幫助散播種子的鳥類或蝙蝠，把這種比較長的果實帶到更遠的地方。

艾弗林・佩爾（Evelyn Pell）

來自英國蘭開郡，布拉克本

■♧■♧■♧

　　可能是農夫在採果時選擇了特定形狀的果實，導致某些形

狀和顏色的果實成爲主流。畢竟，用看的就能分辨出不同水果，也是很有實用價值的判斷方法。也許正是因爲這樣，你在店裡買不到形狀像櫻桃的李子，雖然李樹結果的時候，樹上很常出現這樣的李子，不過李子的汰選條件似乎是根據果實紅潤的程度，而不是果實的香氣。其實，黃色的李子通常更好吃。

厄本（P. G. Urben）

來自英國華威郡

■ ♦ ■ ♦ ■ ♦

野生的蘋果和梨幾乎長得一模一樣。自己種果樹的業餘農夫，他們特別喜歡自然生成、不符合商業上架外觀標準的果實。

蘋果的品種很多，從表面平滑到到表面凹凸不平，再到形狀歪七扭八的都有。馬里蘭州伯次維（Beltsville）的美國農業部國家農業圖書館，就收藏了三百四十五幅具有歷史意義的水彩畫掃描圖檔，這些畫的主題全都是「梨」，其中第一張畫的就是名爲紅龍（Akarayu, Red Dragon）的品種，形狀像極了蘋果，但它是梨子無誤。

梨在亞洲的栽種歷史已經超過一千五百年，它的特色就是形狀圓潤，一點都不像經典的「梨形」。現在這爲人熟知的經典梨形，源自於十七世紀的法國梨；當時可謂西洋梨的黃金時代，緣起則是因爲路易十六非常喜歡梨子。如今，梨已經有超過五千個品種了。

亞洲梨又稱爲「沙梨」，吃起來比西洋梨更脆、更多汁。有人認爲亞洲梨是蘋果和梨子的雜交種，事實並不然，它們和其

196

你
注
意
到
了
嗎
？
植
物
和
動
物

他梨子一樣，吃起來有特殊的顆粒感，那正是梨子之所以爲梨子的特色啊！

托錫‧可奈爾（Toshi Knell）

來自澳洲新南威爾斯

Q[074] | 狗喘氣散熱怎麼不會換氣過度呢？

天氣熱的時候，狗藉著喘氣來散熱。如果我也用同樣的方式散熱，就會產生換氣過度的問題，並且呼出過量的二氧化碳。狗到底是如何避免呼吸性鹼中毒的狀況呢？

安德魯‧貝頓（Andrew Benton）

來自英國默西賽德，伯肯赫德

A:

人每呼吸一次（或說狗每呼吸一次），都會有一部分空氣進入肺臟，另有一小部分空氣就只停留在體內傳導空氣的途徑中。這就是所謂的「無效腔」，因爲在口腔、咽喉、氣管或支氣管中，氧氣和二氧化碳不會交換。

快而淺的呼吸只會影響無效腔，不會使肺部交換氣體的部位（也就是肺泡）過度換氣。空氣經過無效腔時，因爲內壁的水分蒸發，所以會有涼爽的感覺。狗因爲沒有汗腺，所

以得用這種辦法降溫。人類雖然也可以這麼做，但實在沒有必要，因為我們有汗腺可以幫助散熱啊！如果你真的想試試看，那就在正常呼吸過程中，間雜這樣快而淺的呼吸，至少維持六十分鐘，接著你會感到口腔內一陣涼意，同時也不會產生伴隨過度呼吸而來的暈眩感。雖然要做到有點困難就是了⋯⋯

約翰‧戴維斯（John Davies）
來自英國，蘭卡斯特，麻醉師

Q⁰⁷⁵ | 北極熊會寂寞嗎？

北極熊會寂寞嗎？我不是隨口問問，我只是想知道為什麼人類或企鵝這樣的動物過著群居生活，而北極熊和老鷹這些動物卻過著獨居生活？

法蘭克‧安德斯（Frank Anders）
來自荷蘭，阿姆斯特丹

A:

群體或獨居，是不同動物和鳥類因應物種需求所採取的生存策略。像北極熊、灰熊和老虎等大型獵食性哺乳類動物之所以採取獨居的生活方式，是為了避免同種個體間的競爭。各自

散開，就擴大了個體覓食場和育幼所需的領域範圍。如果同種個體之間靠得太近，對食物、交配對象和領域的競爭都會加劇，像老鷹和兀鷲等許多鳥類採取獨居生活，也是因為這個道理。

為了生育後代，這些動物和鳥類會在繁殖季和交配對象配對，成功交配後，或是完成育幼後沒多久，繁殖對很快又會分開。育幼通常是雌性個體的責任。事實上，這些動物的雄性個體有時會殺害幼仔，以提高自己的生殖成功率。

相反的，社會性動物有數量上的優勢。像非洲莽原上的羚羊、南極的企鵝都會形成龐大的群落。牠們或緊靠在一起取暖，或提醒彼此注意捕食者的攻擊。當動物形成龐大的群落，相較於落單的一小群，捕食者造成的傷害就顯得微不足道。

然而介於獨居和群居之間，還有像獅子、野狗、狼這樣的生存方式，牠們團結打獵，呈現不同程度的社會性和合作關係。

從這裡還可以延伸出另一個問題：為什麼有些植物群聚生長，有些植物獨自生長？這就得提到一種有趣的生存策略「相剋作用」：群聚生長的植物會分泌化學物質到土壤中，讓具有相近親緣的植物無法在此生長、減少競爭。跟動物一樣，植物演化出這些策略的目的，就是要讓自己獲得最高的生存機率。

賽卡特·巴蘇（Saikat Basu）

來自加拿大亞伯達

■♤■♤■♤

熊或老鷹很少與同種個體往來，是因為在食物總是不夠吃的狀況下，每個個體都需要保衛自己的覓食領域。北極熊生活

的環境中食物非常有限，無法支持大群北極熊，所以特定的生態區位只能有一個捕食者，這也是合情合理。食物充裕時，熊和老鷹都會群聚，個體之間會維持一定程度的和善關係。

包括人類在內的社會性動物則恰恰相反。社會性動物經常是其他動物的獵物，聚集在一起是爲了安全考量，藉此抵禦捕食者；雖然說，這只是社會性動物形聚集成群的原因之一。當食物匱乏的時候，個體就可能會離開群體獨自覓食。

至於動物是否和人類一樣會感到寂寞，這就很難說了。不過，高度社會化的動物，像是某些類型的鸚鵡，單獨飼養似乎會有負面影響：有些鸚鵡會出現怪異的行爲，還會自殘；有些大型鸚鵡如果長時間受隔離，甚至會出現發瘋般的情況。

本來就過著獨居生活的動物就不會有這些情況。有些魚類，尤其是慈鯛科的成員，如果水族箱裡有其他同種個體，保證打得腥風血雨。另外，不會飛的關島秧雞可是出了名的無法忍受同種個體，想要圈養牠們也格外困難。

綜合上述的分析，這個問題的答案在某些狀況下是成立的：本身就呈現高度社會化的動物確實會感覺到寂寞，另外有些動物則只會在特定的時間，以特定的模式與同種個體相處，例如交配，或保衛領域的時候。

email 來信解答，姓名地址未提供

■👍■👍■👍

要回答這個問題得考慮熊和熊生活的環境。當和同伴相處是適當的生活狀態時，失去陪伴才會顯得寂寞。以北極熊來說，

同伴出現通常代表著競爭或威脅的存在，所以我在此先替牠們謝過提問者的好心。除非是還沒長大的幼熊，牠們落單時很容易成為其他動物的目標，否則獨處對牠們來說不是問題。當食物和繁殖都不是問題的時候，公熊會藉著無害的扭打來建立優勢地位，可以減少繁殖季來臨時出現危險搏鬥的情形，北極熊和同伴相處的情形大概就是這樣。

　　幼熊需要母熊提供食物、保障牠們的安全；幼熊需要彼此陪伴，學習社會化、互相取暖、一起玩耍。同樣的，母熊也需要幼熊的陪伴，但是母熊對其他成年熊（以及牠們的幼熊）則會保持距離。一旦幼熊成年或死去，母熊又會重新恢復獨居身分，直到下次繁殖季到來，母熊才能短暫容忍公熊陪在身邊。除去以上這些理由，母熊實在不需要什麼陪伴。

　　這是北極熊適應環境的方式。話又說回來，在動物園裡，當安全和食物都不是問題時，北極熊似乎就很享受和同伴相處。

瓊・瑞奇菲爾德

來自南非，西薩莫塞特

和北極熊不一樣，身為群居動物的人常常會感到寂寞。每當夕陽西下，一個人踏上歸途的時候，我們就成為在天涯的斷腸人了……這時候好需要杜康的陪伴，若是再配上天上那輪亮晃晃的銀盤，就更淒美了。

———————— 一寂寞就很有文學素養・編輯

Chapter

6

你觀察到了嗎？地球和太陽系

Q076 | 不同緯度地區海平面上升的高度會一樣嗎？

　　當巨大的冰原融化，地球上各緯度地區海平面的上升高度會一樣嗎？還是地球自轉會使赤道的海面上升更多？如果差異確實存在，當我們在討論冰原融化所造成的影響時，有考慮這個因素嗎？

E-mail 來信解提問，姓名地址未提供。

A:

　　地球自轉對海平面高度產生的影響相當小，但海面高度的變化從來就沒有一致性可言。

　　如果地球全被海洋覆蓋，此時再添加新的一層水，那麼這層水在赤道的厚度就要比在地球兩極多出0.5％。這是因為地球自轉使重力（萬有引力和地球自轉產生的反向力，兩者相加即為重力）作用在赤道上時，比作用在兩極時少了0.5％。如果海面上升七公尺（格陵蘭冰層或西南極洲冰層融化，預計會導致這樣的結果），那麼赤道的海平面會比兩極的海面高三點五公分。

　　地球自轉的第二個影響就是使融冰遠離兩極，遠離地球的

自轉軸、向全球擴散，導致地球的轉動慣量（一個物體對旋轉運動的慣性）增加。因此，爲了保持相同的角動量，地球的自轉速率會降低（就好比在冰上旋轉的花式滑冰舞者，要降低旋轉速度時伸出雙臂一樣）。

七公尺高的水從兩極散佈到全球，會使地球的旋轉速率減少百萬分之一，導致每天多出零點一秒，並減弱造成赤道隆起（地球因爲自轉的關係，在赤道的部分是隆起的）的作用力。赤道隆起作用力減弱會稍微抵銷地球自轉的效應，所以赤道和兩極的海平面高度差只會有幾公分。

然而目前影響赤道和兩極海平面高度差最大的原因，是所謂的自吸引作用（Self-attraction）和自載（Self-loading）作用。格陵蘭冰層本身也會產生萬有引力吸引海水靠近。隨著冰層融化，萬有引力下降，海水不再受到牽引，因此會遠離格陵蘭。此外，少了龐大的格陵蘭冰層，淹沒在海水下方的地球表面得以重見天日，地球質量重新分配，可抵銷一部分因爲冰層的融化，地球重力場改變帶來的影響。最後的淨效應是：距離格陵蘭一千公里左右範圍內海面會下降，超過這個範圍越多，海平面會越高。

研究人員正在研究海平面高度變化的模式，希望能藉此判斷如果格陵蘭、南極或其他地方的冰層融化了，究竟會造成哪種影響？測量地球重力場變化的「重力回復及氣候實驗衛星計畫」（GRACE satellite mission），就是目前最好的數據來源，讓我們能夠藉以評估冰層質量平衡的狀況。

不過，事實總是比想像的複雜：海平面其實並不是平的。造就海水循環的海洋恆流導致海面形成坡度，跟水平面的高度差可多達一公尺。再者，在海水中加入這麼大量的淡水，很可能導

致海水循環發生改變，讓海平面高度變化的模式變得更複雜。

到目前爲止，氣候模擬只考慮了全球海平面的平均變化，以及與洋流有關的區域性變化。另外，自吸引作用和自載作用的影響可分開計算。加入這些考量，不失爲新的思考方向。

克裡斯・休斯（Chris Highes）

來自英國利物浦Proudman海洋實驗室

Q^{077} | 讓地球停止轉動需要多大的力？

讓地球停止轉動需要多大的力？如果使用太空梭的發動機來做這件事，會需要多少時間？這樣做對地球會有什麼影響？尤其是氣候和潮汐會發生什麼變化？

史蒂芬・佛斯特（Stephen Frost）

來自英國薩裡，裡奇蒙

A：

要練習算術的話，這是一道很好的題目，只需要一些基本的力學知識，不過地球轉動的這件事會使題目增加一點難度。在此，我先提供一些數據：地球質量（M）6×10^{24}公斤，地球半徑（R）6.6×10^{6}公尺；假設地球是一個實心且質量均勻的球體，那麼地球的轉動慣量（J）是$0.4 \times M \times R2$，大約是1×10^{38}公斤／平方公尺。

地球每二十四小時（相當於八萬六千四百秒）旋轉一圈，所以地球的角速度（ω）是4.16×10^{-3}度/秒，更精準一點的表示方法是7×10^{-5}弧度/秒。

地球的角動量（h）是轉動慣量和角速度的乘積（$I\times\omega$），相當於7×10^{33}牛頓/公尺/秒，這個結果就是太空梭發動機必須克服的力。

太空梭發動機在起飛時的推力（F）大約是4×10^{7}牛頓，如果作用於地表的切線方向，那麼地心的力矩（T）（或說轉動力（R））相當於F×R，約等於3×10^{14}牛頓。

力矩隨著時間（t）作用，會使地球的角動量改變$T\times t$。因此，使地球角動量減爲零所需要的時間是h/T，也就是3×10^{19}秒，相當於八千四百億年。

這是相當於宇宙年齡六十倍的時間。到了太空梭發動機眞的完成任務，讓地球停止轉動，恐怕那時候地球也不需要氣候或潮汐了。此外還有一點：如果發動機所需要的燃料取自地球，那麼地球會變得越來越輕，早在地球停止轉動之前，整個地球早就被當成燃料用光了。

休‧杭特（Hugh Hunt）

來自英國劍橋，三一學院工程學資深講師

■◊■◊■◊

先別說太空梭發動機的推力根本微不足道，想在地表使用太空梭發動機產生讓地球停止運轉所需的力矩，有一個根本上的問題。火箭發動機是藉由朝反方向高速噴射物質產生所需要

的推進力，但是在地表上，高速噴射的物體受到大氣層的影響，速度很快就會降低，這時就需要借助動量的幫忙。因此，發動機不只要降低地球自轉的速度，又要加速大氣層的轉動。最後，地球和大氣層之間的摩擦力會減緩大氣層轉動的速度，使得地球自轉又開始加速，最後的淨效應為零，只能說是一場白工。

為了避免這種情況，火箭發動機必須繫留在夠高的地方，讓發動機噴射出的物質能夠不受大氣影響，這樣做的淨效應只能把地球一小部分的角動量傳遞給發動機噴出的氣體。

幸好，讓地球停止轉動沒這麼簡單。如果地球停止轉動，就再也不會是個多彩多姿的世界，不會有白天和黑夜：地球每個角落都會有半年的永晝和半年的永夜。

地球停止轉動後潮汐依舊會存在，因為月球仍在地球的運行軌道上。但潮汐不會再是每天兩次，而是每二十八天發生兩次。往好處看，停止轉動的地球不再產生柯氏力（Coriolis force）（地球自轉對地球上的運動 [如風、海流] 造成的偏向力），空氣會直接從高壓區流向低壓區、不再旋轉，所以不會再有任何颶風。

伊恩·維克斯（Ian Vickers）

來自澳洲

■♤■♤■♤

如果地球停止轉動的時間持續一年，將會有連續半年的永夜，氣溫驟降，大多數植物和許多高等生物將會消失。地球的背光面會變得更冷，向光面則變得更熱。

當地球停止自轉，大氣和海洋的動態將發生劇變。地球上

不再有颶風、周而復始的天氣系統，洋流也會改變。一旦地球停止轉動，月球的引力會慢慢使地球重新自轉，直到地球的自轉速率符合月球的軌道週期。

大氣的平衡狀態取決於許多生物性和地球化學的回饋作用，因此，地球停止轉動之後，大氣會發生什麼改變，得看陸地、海洋向光的面積還剩下多少。在這樣複雜的生態系下，白晝的長度可能縮短，而且大氣層可能早就不復存在。

不過，別擔心，要讓地球停止轉動需要非常巨大的能量，遠超過人類的能力所及。

麥因泰爾（J. McIntyre）

來自英國劍橋，巴爾沙姆

Q⁰⁷⁸ | 為何冰河消失後河流會乾涸？

我曾經讀過一篇報導，內容提到冰河消失之後，喜馬拉雅山上的河流都會乾涸。假如冰河既不增長也不後退，同一段時間內，從冰河流入河流的水量應該大致會等於喜馬拉雅山的降雨量才對。假設降雨量不變，但冰河完全消失的情況下，為什麼河流接收的水量會不同？

菲力克斯・林姆（Felix Lim）

來自澳洲南部

A:

　　一年當中，河流的水量不僅只來自降雨量，而且還取決於降雨的時間和方式。一般來說，獲得冰河注水的河流，在冬季會持續接收融冰帶來的涓涓細流，到了春天，隨著氣溫上升，河流獲得的融冰量會增加。

　　如果冰河消失，便不再有緩慢融化的冰河水注入，冰河對河水的調節作用也會停止。降雨帶來的水量雖然很快就能注入河流，但乾季時河流不會有任何進帳。因此，河流終年的流速和氣溫之間不再有強烈的關聯，大部分時候水位都很低，只有在降雨過後，河流水位才會升高。此時，年均水位雖然不變，但有沒有冰河的存在——說得極端一點，差異在於：有冰河時，會有穩定的水量注入河流；沒有冰河時，乾涸的河則會有偶發的暴洪。

　　以上說明了冰河存在與否的差別。事實上，最近一次冰河時代結束至今，冰河一直在大量消失。一旦所有冰河都融化了，人類能汲取的水也會變少。河流的平均水位也會更低、更不穩定。

瑞克（Rick）

來自英國牛津，迪德科特

■👍■👍■👍

　　冰河的作用就像水庫，能夠供給均勻的水流。下在陸地上的雨其實要過很久才會抵達大海，如果沒有冰河調節水流，雨季的降雨量會造成河流下游淹水達幾個月的時間，然而雨季之

外就會只剩下荒蕪貧瘠的峽谷。冰河對調配河川水量可是起了極大的緩衝作用。

艾莉西亞・鐘斯（Alicia Jones）

來自英國，加地夫

Q⁰⁷⁹ | 撒哈拉沙漠的沙子有多厚？

撒哈拉沙漠的沙子有多厚？沙子之下又是什麼？另外，撒哈拉受到強大的風蝕，在幾千公里外還能找到來自沙漠的沙子；有什麼方法補充這些被吹走的沙子嗎？

巴瑞・艾爾蘭（Barry Ireland）

來自英國肯特，美德茲頓

A:

撒哈拉地區並非全部被沙子覆蓋著，但是受風吹揚的沙子無論因為什麼原因沉積下來，都很容易聚積在相同的地方。這些有沙子沉積的地方，會形成風成沙丘，風成沙丘的形成原因和移動的模式非常複雜。堆積在土壤或岩床之上的沙子，除非是填覆古老的山谷或湖泊，否則堆積的厚度頂多就是幾百公尺。這麼深的沙層以及富含孔洞的沙岩，是重要的地下

水涵養層。此外，水的侵蝕作用、冰凍作用和岩石受到的風蝕作用，都會不斷製造出新的沙子。相反的，深度較深且比較潮濕的沙子則會聚合形成沙岩，重新進入耗時幾百萬年的相同迴圈。

堆積在河流入海口的海底碎屑沖積扇，沙子堆積得更厚。有趣的是，在過去數千萬年間，地中海曾反復乾涸多次，每次乾涸時，河流注入乾涸的海床，就會在沖積扇上侵蝕出巨大峽谷，等海水回填時這些峽谷又被淹沒。尼羅河河床較低的部分就是由這些淤泥組成，現在它們或多或少已經比較緊實，深度則有幾千公里。河流的侵蝕作用可以把這些底泥變成海下大峽谷；比如美國大峽谷，它就是這麼形成的。

瓊‧瑞奇菲爾德

來自南菲，西薩莫塞特

■♂■♂■♂

撒哈拉沙漠面積約九百萬平方公里，是世界上最大的沙漠，但沒有統一的地形。撒哈拉約有15％的面積被沙丘覆蓋，70％的面積是由未受剝蝕作用的岩石和粗礫石組成，其餘則是綠洲和山脈。

沙丘下方是各種類型的岩石。在阿爾及利亞和利比亞的沙丘下方就發現了石油和天然氣，然而由於這些地方難以接近，妨礙了這些資源的開採。

從撒哈拉地區帶走沙子的力量，同時也是為這裡補給沙子

的主要力量。風除了會把沙子吹走，也會造成其他地區的岩石風化，使世界上有源源不絕的沙子。

伊恩・史密斯（Ian Smith）

來自英國倫敦

Q⁰⁸⁰ | 太陽雜訊真的會讓人耳聾嗎？

如果地球的大氣層能夠一直延伸到太陽，太陽發出的雜訊真的會讓我們全都耳聾嗎？太陽產生的聲能有多大？還會產生其他效應嗎？

派特・摩根（Pat Morgan）

來自英國倫弗魯郡，格林諾克

A:

太陽和地球的大氣層本來就彼此重疊，只是兩者間的氣體很稀薄，因此太陽風和地球磁層（包圍地球的複雜磁場）碰撞發出的聲音，根本無法與跟地球上的交通噪音、流行音樂以及各種人類衝突的聲響匹敵。就算地球和太陽大氣接觸區的氣體密度跟地球海平面上的大氣密度一樣高，最強的太陽雜訊在經過如此長距離的衰減之後，大概也只剩下人耳聽不見的噪音。

不過，我們還有雜訊以外的事情要擔心。如果地球大氣層延伸了一億五千萬公里，抵達太陽所在的位置，密度如此之高的地球大氣層會阻擋陽光，我們就再也見不到太陽了！地球大氣的品質會超過15×10^{30}噸，是太陽和太陽系所有行星品質加總的幾千倍，會造成太陽系崩潰，並產生大爆炸，恐怕幾光年範圍內的行星都會毀於一旦。

瓊・瑞奇菲爾德

來自南非，西薩莫塞特

■ᗧ■ᗣᗧ

　　地球海平面上的大氣層如果一直延伸到太陽（我們平時看到的太陽表面就是太陽的光球層），人類就會既看不到太陽，也聽不到太陽。如此深厚的地球大氣層會阻擋太陽輻射：日出日落時，我們會看到太陽變暗及泛紅，這正好說明大氣層有這種效用。

　　至於聲音的問題，也有類似的例子可以說明：儘管世界各地總是不斷在打雷，但我們並不會聽到連續不斷的轟隆聲。這是因為聲音在大氣層中行進的距離有限，所以我們不會被嘈雜的太陽黑子搞得震耳欲聾。但是濃密的大氣層隔絕了太陽輻射以後，我們只有被凍僵的命運。

　　此外，我們還忽略了一個事實：行星周圍大氣層的密度會隨著重力變化。假如地球大氣層可以延伸到太陽，還要有足夠的密度可以傳播聲音，那麼大部分大氣層氣體會呈現固體冰的

狀態，對地球重力和運行方式產生奇怪的影響，那麼地球上的人類也躲不過被冰葬的結局。

麥可‧巴別利（Michael Burberry）

來自英國，牛津

■ ♢ ■ ♢ ■ ♢

　　我知道這一系列叢書的精神並非在於挑戰問題的前提假設，然而要想像這個問題所涉及的景象，我們可能需要前哥白尼時代或者仍以為是地球為太陽系中心的宇宙觀。我實在無法想像地球大氣層能夠延伸到太陽，反過來看，想像太陽的大氣層可以一直延伸到地球還簡單得多，畢竟某種程度上，這是事實。

　　其實，這個問題可以透過實驗來驗證，不過在短時間內無法得到答案。在壽命逐漸告終的過程中，太陽會變成一顆紅巨星，並且吞噬地球，所以在被吞噬之前，地球應該會先受到太陽大氣層的撞擊。如果按照我們的求生本能，那麼我們必須要逃離命數已定的地球。或許那些隨著太陽逐漸黯淡，最後才離場的地球人，可以在地球上留下幾支麥克風，好讓我們知道到底會發生什麼事。

布萊恩‧葛洛佛（Bryn Glover）

來自英國北約克郡，克雷寇

Q⁰⁸¹ | 如果把海上的船隻都移走，海平面會下降多少？

如果把海洋中所有船隻都移走，海平面會下降多少？

理查・哈金森（Richard Higginson）

email 來信提問，地址未提供

A:

根據阿基米德定理，如果物體排開流體的重力等於自身的重量時，就不會下沉。這就是為什麼滿載的船隻吃水會比較深，因為船的重量只要多一噸，就必須多排開一立方公尺的水。

軍艦的規模常用排水量來形容。全世界軍艦加總起來的排水量，大約是七百萬噸。

商船的體積通常更大，但是商船的規模常用載重噸位來形容，這讓問題變得更棘手。所謂的載重噸位是一艘空船可以裝載的貨物總重量，這並沒有考慮到商船載貨之前的排水量。諾克・耐維斯號（Knock Nevis）是一九七〇年代就下水航行的商船，至今仍是海上最大型的商船，它的載重量可達五十六萬四千七百六十三噸，空船的排水量是八萬三千一百九十二噸。

全世界所有商船的總載重噸位量是八千萬億噸。假設空船的排水量和其裝載噸位相同，則全世界商船滿載後的總排水量將是十七億六千萬噸，再加上軍艦的話，全世界所有船隻的總

排水量相當十七億六千七百萬噸，也就是十七億六千七百萬立方公尺的水。海洋表面積大約是 360×10^{12} 平方公尺，全世界所有船隻的總排水量散佈在海洋表面，海平面只會上升五微米。因爲海水的密度要比水的密度要高一點，所以實際答案跟這個數字會有一些差異。

海洋運輸量每年大約增加3％，換算成排水量相當是一萬個奧運標準游泳池的水量，但這對海平面的影響實在微乎其微，而且海平面每年上升的平均值都比這大上兩萬五千倍。

麥克・發洛斯（Mike Follows）

來自英國西密德蘭，維倫荷

Q082 | 跳傘的最大限高是多少？

跳傘的最大限高是多少？為什麼會有這種限制？

詹姆士・泰迪（James Tidey）

來自英國，布里斯托

A:

跳傘的高度主要受限於運輸工具。目前飛機最大的飛行高度是兩萬六千公尺，而且飛到這個高度的飛機速度過快，你沒辦法從那裡跳傘。太空梭的飛行高度更高，飛行速度也相對更快，如果眞的要跳，跳傘者就需要配備隔熱罩，這樣重新進入大氣層

的時候才能活命。唯一能夠彌補飛機和太空梭這些缺憾的載人飛行器具，就只有熱氣球，所以跳傘的最大限高便是熱氣球能夠升空的最大高度，這個高度是三萬四千六百六十八公尺，是美國海軍軍官維克多‧普拉瑟（Victor Prather）和麥肯‧羅斯（Malcolm Ross）創下的記錄，他們在一九六一年五月四日從位於墨西哥灣的安提頓號航空母艦（USS Antietam）升空，不過，他們並沒有真的跳下來就是了。

目前跳傘高度的最高紀錄保持人，是美國空軍喬瑟夫‧基廷格（Joseph Kittinger），他在一九六〇年八月十六日，從飛在三萬一千三百三十三公尺高空的熱氣球跳下。他以自由落體的狀態降落了四分三十六秒，時速大概是一千一百五十公里，並在五千五百公尺處打開降落傘。

馬丁‧葛瑞哥利（Martin Gregorie）

來自英國艾色克斯，哈洛

■ ♢ ■ ♢ ■ ♢

一般來說，跳傘高度都在低於四千二百公尺以下進行。

這個高度限制是為了防範缺氧症。如果從更高的高度跳傘，隨著降落的過程空氣密度越來越高，跳傘的人可能會有危險。

在大氣層中較低的高度，跳傘者會向下加速大約十秒鐘，直到逐漸增加的阻力和跳傘者的體重相當，這時末速度（運動結束瞬間時該物體的速度）大約是每秒五十五公尺時，隨著空氣逐漸稠密，末速度會繼續降低。大多數自由落體的過程中，跳傘者其實在做減速運動。

從高度更高、空氣更稀薄的地方開始降落，你下降的速度會大於低空跳傘時達到的末速度，且也會碰到最大阻力，也就是說：你啊，正在撞擊大氣層。一九六○年，喬瑟夫‧基廷格在跳傘的時候就有這樣的經歷，感覺像是要窒息一樣；當時他從兩萬三千公尺的高空往下跳，阻力峰值大約是1.2g。

從七萬五千公尺的高度往下跳，在高度三萬一千公尺時，衝擊大氣層的力道大約是3g，在二十秒內會逐漸消退，後續的過程就沒有什麼特別的了。跳傘者如果從低空地球軌道進入大氣層，將身體調整到相對於氣流的位置，延長和大氣層撞擊的時間，承受的衝擊力道不會大於3g，但恐怕會感覺很熱。

以上是我跳傘兩千次的經驗談。

羅傑‧克裡夫頓（Roger Clifton）

來自澳洲北領地，拉拉克雅

■♧■♧■♧

當時基廷格穿著的是一套充壓服裝，保護他不受平流層的低壓傷害。然而，從這種高度跳傘的主要問題在於：如何在自由落體的過程中，保持身體的穩定性。基廷格的裝備中包括了一個小型的穩定降落傘，但是在他第一次拉傘時沒有發揮作用，於是他的身體以每分鐘一百二十轉的轉速開始旋轉下降。那時他已經失去意識，是因為自動主傘後來打開了，才保住他的命。

目前為止，只有「摩斯計畫（Project Moose）」對最高跳傘高度做過最認真的研究。

這是美國在一九六○年代展開的研究，試圖打造一種系統，

讓太空人在低地球軌道（飛行器距離地球六十到兩千公里之間的繞行軌道）時能夠逃離太空船。身著太空服的太空人胸前佩戴一個降落傘，背後有一個摺疊好的塑膠包。還有一個加壓罐可以注入聚氨基甲酸酯泡沫塑料到摺疊的塑膠包，讓塑膠包展開形成隔熱罩，這樣一來太空人就可以利用手持火箭脫離地球軌道，重新進入地球大氣層，等到低空密度較高的大氣層使降落速度減緩，就可以打開降落傘，扔掉隔熱罩。

通用電氣公司的研究結果指出，這個想法雖然古怪，但確實有可行性。當時已打造出隔熱罩的原型，泡沫塑料樣本也送上太空，隨太空船一起飛行。然而美國太空總署和空軍對此事興趣缺缺。

摩頓（M. T. Morton）

來自英國諾裡治，東安格裡亞大學

■♂■♂■♂

在穿著防護裝的前提下，人類能進行自由落體的最大高度約是三百二十公里。在這個高度，地球的重力大概等於月球的引力。撇除這些不說，光是從這個高度往下跳到地球表面，就需要大概二千四百年的時間。

凱文・巴斯欽（Kevin Bastien）

來自美國印第安那州，傑斯柏

■♂■♂■♂

如果有人從太空往地球進行自由落體運動，在接近大氣層時，墜落的速度應該略低於地球的脫離速度（指物體從地球出發，要脫離地球重力場時的速度），也就是每秒一萬一千公尺。正因如此，太空梭必須配備隔熱罩，並且以較淺的角度進入大氣層，才能達到減速目的。

為了消耗這樣的動能，垂直降落的太空跳傘者可能需要兩個準備燃毀的降落傘，以及第三個正常使用的降落傘。第一個降落傘得要非常巨大，作用有如太陽帆（以聚酯樹脂製成的薄膜，藉由反射太陽光或其他光源產生輻射壓，產生推力）。跳傘者在距離地球幾千公里之外就要打開第一道傘，藉著太陽風來減緩降落速度。此時如果跳傘者進入地球軌道之內就有點麻煩，畢竟跳傘者可不希望在范艾倫輻射帶（包圍著地球的高能輻射層，會對人體造成巨大傷害）耗上太多時間。第二個降落傘也要很大，這是在高層大氣使用的降落傘，要讓跳傘者從地球幾百公里外來到基廷格跳傘的起點，也就是三萬公尺的高空。之後就可以使用正常的降落傘感受自由落體了。

然而，目前我們還沒有製造前兩個降落傘的技術。再說，以上述方式跳傘，萬一中途出了什麼差錯，跳傘者就會成為讓人讚嘆的流星……

亞德里安·波耶爾（Adrian Bowyer）

來自英國巴斯大學，機械工程系

來自法國的麥可·弗尼爾（Michel Fournier）一直想從四萬公尺的高空跳傘。他最近一次嘗試是在二〇〇八年五月。他失敗了，原本要載著他抵達

平流層的氦氣熱氣球發生故障，沒等他上去就逕自升空。雖然不斷遭遇失敗，但他仍堅持會繼續嘗試——在夢想這條路上，即使冒生命危險也要努力走完的編輯

Q083 | 為什麼漂在海上的沙影子邊緣是明亮的呢？

四月底的時候，我在馬約卡島（Mallorca）海灘散步時，發現海面上漂浮的沙在海床上投影出特別的圖案。這些漂浮在海上的沙是怎麼形成的？為什麼它們投影在海床上的影子，邊緣及中央的縫隙周圍都是明亮的？

提姆・皮可斯（Tim Pickles）

來自英國東約克郡，布洛

A:

這種現象的確很特別，跟馬約卡島比起來，不列顛群島的西海岸也許更常發生這種情形。產生這種現象的沙細而乾燥，正是所謂的風吹沙，也就是形成沙丘的沙。它們受風吹拂，可以在海灘上揚起十來公分的高度，碰到液體表面（包括平靜的

海面）時這些沙就會被困住。

　　乾燥的風吹沙需要數分鐘的時間才能完全濕透，而且一開始沙粒表面與空氣／水之間的接觸角度，會使沙粒漂浮在水面，宛如落在彈簧墊上，使得每顆沙粒周遭的水面向下彎曲，此時，表面張力會聚攏鄰近的漂浮沙粒，形成浮排一樣的構造。在這些小小的「沙島」周遭，水彎曲的表面效果如同凸面圓柱鏡。

　　如果沙島下方的水深接近水面透鏡的焦距，太陽的影像就會投影成水下陰影週邊的亮線，也就是提問者看到的現象。附帶一提，等完全浸濕後，這些沙就會沉入水中了。

大衛‧史蒂文生（David Stevenson）

來自英國柏克郡，紐伯里

■♨■♨■♨

　　提問者提到的現象，其實是表面張力作用的結果。當沙粒落在水面上，會把水面向下壓，所以漂浮沙下方的水面會比四周稍微低一些，使兩者之間的水面彎曲。彎曲的水面就像是凸面鏡，會把陽光聚焦在海床上，在漂浮沙陰影周遭產生明亮的鑲邊。

　　還有另一個例子的原理和漂浮沙一樣。看看經常出現在池塘表面的水黽，牠們投射在池塘底部的斑駁陰影大得不成比例，而且周圍也都鑲著亮邊。這是因為應該直接投射到池塘下面的光線，被彎曲的水面折射而遠離水黽，形成了更大的陰影。

安德森（A. Anderson）

來自英國肯特，藍斯蓋特

Q⁰⁸⁴ | 把氦氣氣球放到太空會怎樣呢？

如果把充滿氦氣的氣球放到太空去，會怎樣呢？

凱瑟琳・柏金（Kathryn Bergin）

來自澳洲南部，羅斯威特

A:

如果氣球是在常壓下的太空船裡充氣，然後釋放到太空中，因為太空中的氣壓趨近於零，氣球可能會因為內外壓力差突然增加而立即爆破，如果氣球的材質夠強韌，則可能只會膨脹。

如果氣球是在太空飛船之外充氣（或者釋放後沒有爆破的氣球），因為真空狀態下沒有空氣阻力，這顆氣球移動的方式就會跟任何相同質量的物體一樣。舉個例子來說，已經有實驗證明：在真空狀態下，羽毛和鉛塊的下降速度是相同的。

賽門・艾佛森（Simon Iveson）

來自澳洲新南威爾斯

■👍■👍■👍

如果這顆氣球被放到太空中後沒有馬上爆炸，那麼它接下來的命運就取決於釋放的地點和釋放後移動的速度了。

這可能會產生三種狀況。

第一種狀況是：假如是在空氣阻力可以忽略不計的高度釋放氣球，而且氣球朝著適當的方向運動，速度也夠快，那麼氣球會繼續在太空翱翔，直到被太空垃圾或者隕石之類的小物體刺破。第二種狀況是：如果以高速運行的氣球所在位置過低，接觸到地球的大氣層，那就會汽化或燃燒。第三種狀況則是：如果氣球被釋放後移動速度緩慢，而且釋放的地點就在大氣層上方，那麼氣球會開始下降，進入大氣後速度又會減慢。接著，氣球會到達一個平衡高度，此時它受到的浮力和重力相等，便會停留在這個位置，直到被物體刺破，或者因材料老化而爆炸。

卡瓦蘭（E. T. Kvaalen）

來自法國，科內夫

■♢■♢■♢

簡單回答這個問題：在太空釋放的氣球，移動方式就跟任何釋放到太空中的物體一樣。如果沒有其他外力作用，氣球會沿著原本的移動軌跡繼續移動；如果氣球釋放的地點很靠近行星或類似的天體，就會沿著該天體運行的軌道移動。

美國早期通訊衛星試驗中，就發生過這樣的情形。兩顆名為回聲一A（Echo 1A）和回聲二號（Echo 2）的衛星（回聲一A就是為人熟知的回聲一號，只是在一九六○年五月十三日，負責載運衛星的三角洲火箭發射失敗，真正的回聲一號也在當時付之一炬）。

這兩顆回聲衛星都是氣球（美國太空總署的技術人員稱它們「衛球（Satelloon）」，完全充飽時直徑是三十點五公尺，材質

是覆有金屬塗層的聚脂樹脂。這兩顆衛星原本是用來反射無線電傳輸信號，尤其是跨大陸的電話和電視信號。回聲衛星操作模組是完全被動的，它們只是用閃亮的外表反射無線電波；再加上它們在相運行的軌道相對較低（距離地表一千五百一十九至一千六百八十七公里），所以世界各地的人們能夠很清楚的看到它們的身影（http://www.astronautix.com/e/echo.html）。

其實這兩顆衛星的反照率很高，看上去比一顆一等星還要明亮（一等星是宇宙星系中最亮星體），還曾經給著名作家亞瑟‧克拉克（Arthur C. Clarke）帶來很大的困擾：當時他正在和史丹利‧庫柏力克（Stanley Kubrick）討論電影劇本，後來成就了《2001太空漫遊》（一九六八年）這部電影。克拉克才剛跟導演說了「不要把飛碟加進劇本裡」，兩個人剛好瞥向庫柏力克紐約公寓上方的天空，吃驚的看著一個典型的飛碟從他們頭上安靜的掠過——那就是回聲一A衛星。

回聲衛星還涉及與大氣密度、太陽輻射壓力，大型太空船動力學和全球幾何大地測量（測定地球形狀、大小、面積、表面定點位置）有關的研究。回聲計畫也的確使美國五角大廈能夠精準定出莫斯科的位置，以便在有（不幸的）需要時，能夠讓飛彈更快瞄準前蘇聯首都。美國太空總署的第三顆衛球，名為「PAGEOS」，一九六六年發射，進入繞極軌道（通過地球南、北極的繞行軌道），目的純粹是為了進行大地測量的研究。

這些衛星氣球的成功，證實了就算在太空氣球也能安全的充氣。不過，要操縱太空中的氣球要考慮一些特殊的問題，例如：如果氣球直接暴露在陽光照射之下，則向光面的氣體受熱膨脹速度較快，會使氣球旋轉。還有，氣球會因為向光面氣體

溢出造成的推力而上升；基本上，沒有完全不透氣的材料，而且氣球中氫氣或氦氣膨脹會更拉伸氣球的材質，會讓氣球變得更透氣。

只要時間夠久，氣球中的氣體便會全部溢出。不過，太空氣球洩氣之後的樣子不太一樣，即便內部完全沒有氣體，氣球也會保持原狀，這是因爲太空中沒有導致氣球塌陷的外在壓力。

從回聲計畫中我們得知，因爲太空氣球的表面積大、質量低，所以容易受到來自帶電粒子流的壓力，也就是所謂的太陽風。事實上，一旦離開地球軌道，氣球很容易隨著這種粒子流漂移，就像地球上的氣球會隨著噴射氣流移動。使氣球似乎可以提供一種更簡單的替代方法，取代備受推崇的太陽帆，成爲低成本的太空探測器。

海德里安·傑夫斯（Hadrian Jeffs）

來自英國，諾里治

在日常生活中異想天開，看著飄上天空的東西就想著：「它能不能飛出天外？如果真的能飛出天外，那有神嗎？」看著鑽進土裡的東西就想著：「它能不能鑽到地心？如果真的能鑽到地心，那地底世界是什麼樣呢？」這就是哲學的原點，也是科學誕生的契機。

—— 自己亂感動一把的編輯

Chapter

7

你覺得煩悶嗎？擾人的交通問題

Q^{085} | 電視劇裡的飛車特技是真的嗎？

在電視節目《霹靂遊俠》（Knight Rider）中，領銜主演的大衛．赫索霍夫（David Hasselhoff）駕駛那輛會說話的「夥計」（KITT，Knight Industries Two Thousand，李氏工業兩千），會高速行駛，再藉著卡車後方延伸的斜坡駛入或駛離行進中的卡車。一九六九年，使米高．肯恩（Michael Caine）一炮而紅的電影《大淘金》（The Italian Job）中也有相似情節，將一台寶馬迷你汽車開進改裝巴士的後車廂。這種事真有可能發生嗎？一旦汽車碰到斜坡，會和卡車產生相對運動，而且只有相當於車廂長度的煞車距離，汽車很有可能撞進卡車駕駛座吧？你們說是嗎？

吉姆．亨克斯（Jim Bob Hinks）

來自英國，紐卡斯爾大學

A：

這種特技是有可能的，一切都跟相對論有關，那就是巴士移動的速度稍微比寶馬迷你汽車慢。如果寶馬迷你汽車的時速是

四十一公里，而巴士行駛速度的速度是每小時四十公里，兩者相對速度就是每小時一公里，幾乎就是你倒車停進車庫的速度。

我之所以說「幾乎」，那是因為要駛入行進中的巴士時，寶馬迷你汽車的引擎、傳動系統和車輪的運轉速度遠超過每小時一公里。所以，從路面移動到斜坡時，寶馬迷你汽車的前輪會突然以不正確的相對速度運轉，就像在引擎靜止的時候突然鬆開離合器，造成引擎加速運轉的效果一樣：車輪會不斷旋轉，輪胎橡膠傳出燒焦味。不過，在車子駛上卡車的例子裡，車輪並不是在路面上加速旋轉，而是卡車伸出的斜坡表面降低了車輪轉速。

當汽車的驅動輪接觸到斜坡，車身便會往前跳動，此時輕踩離合器就可以防止這種狀況。此外，汽車駕駛還要在開進卡車之前快速換成低速檔，把卡車當成車庫，只不過就算這麼做，後輪還是會有一點往前的慣性作用力在。

特潤斯・侯林沃斯（Terence Hollingworth）

來自法國，布拉尼亞克

■♧■♧■♧

在相對速度為大約每小時十公里時（約等於人慢跑的速度）汽車可以輕鬆在短距離內停下來，只不過高速旋轉的車輪要靜止下來，會發出刺耳的摩擦聲就是了，也許這就是讓人覺得困惑的地方。或許想像一架小飛機要降落在卡車車廂上會比較簡單：只要飛機和卡車之間的速度差很小，飛機要在有限的空間內降落是沒有問題的。

再讓我們看看機場的平面電扶梯，它可以提供另一個觀察

角度。當我們將行李推車推上平面電扶梯時，為了避免向前跟蹌，會盡量用與平面電扶梯移動速度相同的速度走路。當我們站上平面電扶梯之後，就不再推動行李推車。一旦確定行李推車以正確的速度前進，行李推車的輪子也不再需要旋轉，剩下的交給摩擦力就行了。

休‧杭特

來自英國，劍橋

■ ᘓ ■ ᘓ ■ ᘓ

也許大家最感興趣的地方在於：如果這項特技出了差錯會怎樣？

如果你駕駛手排車，要想直接從路面慢慢開上從大車上放下來的斜坡，註定是會失敗的。因為當驅動輪碰到斜坡時，引擎就會停止運作，這使得寶馬迷你汽車這類前驅車的前輪處於靜止狀態，後輪卻仍然以原來的行進速度旋轉。如果這時你踩剎車讓汽車停在斜坡上，同時重新發動引擎並打入一檔，會使後輪的速度慢下來，讓車子從斜坡上溜下來。比起前輪驅動車，像「夥計」那樣的後驅車狀況會好很多，只是當引擎停止運轉的時候，車子還是有往後溜的危險。

至於自排車的狀況會如何就很難預料了。一般而言，自排車的引擎不會停止運轉，但沒有人敢斷言，當驅動輪在高速的情況下突然完全靜止，究竟會發生什麼事？

如果是手排車，在駕駛鬆開離合器、車輪還沒有碰到斜坡之前，車子應該有足夠的相對速度，照理應該會有機會登上斜

坡，只不過輪胎會因為摩擦發出刺耳的聲音。

為求戲劇效果，汽車駕駛如果想要增加駛入卡車車廂的速度，那應該選用比較重的汽車，和比較輕的卡車。當汽車登上卡車之後煞車時，原本的汽車的動量（物體的質量乘以速度）會造成卡車加速。如此一來汽車就能獲得超過卡車車廂的有效剎車距離，讓汽車有更多的時間停下來。

用四輪驅動車來嘗試做這件事，恐怕是不智之舉。許多四驅車都具有差速鎖裝置，用來限制前後輪之間的速度差。如果車子傳動系統沒有問題，差速鎖可能會在前輪登上坡板時鎖住後輪，或者是讓前輪保持原本車子在路上跑的速度。不過，要把車子開上斜坡，你真正需要的是高超的駕駛技術。

馬克・瓊斯（Mark A. Jones）

來自美國麻塞諸塞州，格洛斯特

■♢■♢■♢

我曾經看過《大淘金》製作人員的節目採訪。當時電影的特技人員確實把幾輛寶馬迷你汽車成功開上了一輛正在行駛的巴士。巴士的駕駛艙有加強防護措施，在汽車開進巴士的時候可以保護巴士駕駛。每輛寶馬迷你汽車進入巴士的時候，都會把前一輛汽車往裡推一點。雖然做了防護，不過汽車和汽車相互撞擊，加上撞擊巴士駕駛艙的力道，還是讓巴士駕駛員被方向盤卡住了，最後他們不得不切開駕駛艙救他出來。

蘇珊娜・謝溫（Susanna Sherwin）

來自英國威爾特郡，索茲斯柏立

對於電影《大淘金》中的特技問題，幾乎所有讀者來信都在解釋車輪接觸卡車斜板的相對速度，以及車速瞬間改變可能帶來的負面影響。

但是，這些問題根本沒有討論的必要。只要鋪一個表面鋪滿小滾輪的斜坡，就像工業用的傳送帶系統那樣，就能解決車輪和斜坡相碰可能造成的問題。這些滾輪的慣性非常小，而且很快就可以加速，不會對汽車造成任何衝擊。汽車登上斜坡後的停車問題，也可以讓滾輪漸漸變得更難轉動，利用滾輪的摩擦力來解決。如此一來，汽車可以平穩的減速，電影中駕駛那三輛寶馬迷你汽車的特技人員，也不會遇到那些麻煩事。

大衛·夏曼（David Sharman）

來自美國德州，里察森。

Q⁰⁸⁶ │ 加勒比海上的椰子要多久才能漂到蘇格蘭西岸？

漂浮在加勒比海上的椰子，要花多久時間才能抵達蘇格蘭西岸？

來自英國國家廣播公司第五頻道的聽眾

A:

這是個有趣的問題，目前還沒有定論。椰（*Cocos nucifera*）的種子是公認最會漂流的植物種子，據說曾經有人在挪威看過漂流的椰子。然而這些椰子可能是被人從船上扔到北海裡，而不是從加勒比海一路漂流過去的。儘管有「海中之河」之稱的墨西哥灣洋流幫忙運送，椰子還是很有可能早在抵達蘇格蘭之前就已經沉進海裡了。

說起來，要在海上發現椰子的殘屑碎片還比較有可能，不過這可能是來自海上往來頻繁的貨船。舉個例子來說，一九九二年，一艘貨櫃船在太平洋上行駛時遭遇風暴，使兩萬九千隻橡皮鴨和其他浴室玩具散落大海。一位退休的海洋學教授柯蒂斯・伊姆貝斯梅爾（Curtis Ebbesmeyer），藉此事件展開了追蹤這些玩具下落的行動，蒐集數據好做出更好的海洋模型。就算這些玩具最後被泡得發白，但烙印在身上的商標「The First Year」依舊清晰可見，如果在海邊撿到這些橡膠鴨，一隻可以換得一百美元。

據信，這一群橡膠鴨經由西北航道（由格陵蘭島出發，經過加拿大北極群島至阿拉斯加北部沿岸的航線，是大西洋與太平洋之間最短的航道）抵達大西洋，它們也證明了海上物體的漂流速度比洋流快兩倍。

最後，讓我們回到提問者的問題上來講，藉著上述這個例子，可以知道墨西哥灣洋流和北大西洋洋流的流速不一，那顆椰子可要需要十六個月的時間，才能抵達加勒比海。

麥克・發洛斯（Mike Follows）

來自英國西密德蘭，維倫荷

過去三百年來，科學家腦裡時時惦記著這些海上漂流物，海上水手更是老早就盯上它們了，也因此發展出許多實驗。表面洋流（受到大氣運動產生的風吹拂而生）是漂流物體移動速度的決定因子。從西印度群島北方放流的瓶子，平均要花十四個月的時間才能抵達歐洲海岸。即使是最快的紀錄，從伊斯帕紐拉島（Hispaniola）抵達愛爾蘭西南部的距離也花了三百三十七天，相當於每天以二十公里的速度移動。

物體從加勒比海或南美洲漂流到蘇格蘭，可能需要更長的時間，起碼要十五個月。包括椰子在內，大概有二十種熱帶植物的果實或種子能夠在海水上漂浮這麼長的時間，少數植物種子甚至在橫越大西洋以後還能發芽。然而，在歐洲海灘發現的椰子，絕大多是是當地人丟在那兒，或者是被人從船上扔下來的。

柯林·麥里歐得（Colin McLeod）

來自英國，丹地

Q087 | 安全氣囊的封蓋跑去哪了？

當發生車禍，安全氣囊彈出充氣的時候，原本蓋在上面的蓋子跑去哪了？不會撞斷你的鼻子嗎？

戴米恩·哈德利（Damien Hadley）

來自英國漢普郡，錢德勒福德

A:

　　安全氣囊封蓋的材料是壓模塑膠，而且上面有許多線紋，線紋比封蓋其他部分更細薄。安全氣囊開始充氣時會衝破封蓋，這時封蓋就會隨著線紋裂開。封蓋不能成為造成人身危險的彈射物，這一點非常重要，所以封蓋上還有其他作用有如鉸鏈的結構，可以確保破裂的封蓋碎片旋轉時不會傷害駕駛人，就像一扇往外推的雙開穀倉門一樣。這些細小的鉸鏈結構和線紋其實是很明顯的，有時候看起來就像一個大大的「H」（常見於老車或是較平價的車輛）。

　　至於方向盤正中央的標誌或商標如何設計、固定，是設計安全氣囊的工程師會特別留心的地方，因為它們通常就位於安全氣囊的封蓋上，確保商標在封蓋打開時不會脫落，造成人員受傷。

　　安裝在座椅上的車側安全氣囊也和方向盤上的安裝方法類似：在座椅上裝設安全氣囊的地方，沿著氣囊的邊緣製作強度稍弱的縫合縫隙。所以說，最好不要加裝座椅套，以免它阻礙了安全氣囊彈出的路徑。

　　此外，安全氣囊工程師還得確定快速展開的安全氣囊的彈出方向正確、能夠保護該保護的人，而不是掠過駕駛或乘客的臉部和胸部。因此必須謹慎地分析安全氣囊的折疊模式，善用預測軟體，利用高速攝影機分析試爆的狀況。說到這，其實這些工程師從傳統摺紙技藝上學到不少技巧呢！

伊恩・戈登（Ian Gordon）

來自英國昆布利亞，卡來爾

製造安全氣囊的技術是保障行車安全最重要的一環，然而如果使用不當，安全氣囊的確有可能打斷你的鼻子。安全氣囊封蓋以輕量的塑膠為材質，在正常溫度下具有延展性，必要時也會破裂讓安全氣囊順利彈出。封蓋的碎片的確會造成傷害，尤其對受保護者的臉部，不過通常都是小傷而已。因安全氣囊而受傷的事件，幾乎都是因為受害者太靠近安全氣囊，或是繫安全帶的方式出錯，另外有些嚴重點的案例，則是因為家長讓孩童坐在不適當的位置，或者讓孩童坐在成人的大腿上造成的（如今在某些國家，這種行為是犯法的）。

　　記得，安全氣囊就像你汽車裡的炸彈。如果你靠得太近，可能會受到衝擊而受傷，或者被封蓋碎片、腐蝕性的殘留物弄傷。只要你和安全氣囊封蓋保持至少二十五公分的距離，坐姿正確，正確繫好安全帶，讓安全帶環繞你的肩膀和髖關節，安全氣囊絕對是保命的好物，毋須擔心它對你造成傷害。

瓊・瑞奇菲爾德

來自南非，西薩莫塞特

■♦■♦■♦

　　打開以下網址，你可以看見消了氣的安全氣囊，和裂開後清楚可見的封蓋。

https://upload.wikimedia.org/wikipedia/commons/2/20/Airbag_SEAT_Ibiza.jpg

賽蒙・維季爾（Simeon Verzijl）

來自澳洲維多利亞，麥肯能

Q^{088} | 如何在靜止的腳踏車上保持平衡？

為什麼騎腳踏車的時候，要平衡身體很容易，但是卻幾乎不可能在靜止的腳踏車上站直身子？

安琪拉・勞斯（Angela Rouse）

來自英國倫敦

A:

要解開這個謎團，我們得先把話說在前頭，陀螺效應（旋轉的物體保有它的旋轉方向的慣性）跟這件事沒有關係。我在腳踏車前軸裝了一個反向轉動的零件抵消所有陀螺效應，腳踏車騎起來也沒有什麼不一樣。下面我會簡單總結，說明為什麼陀螺效應與這件事無關。

我們能夠在腳踏車行進時站直身子，是因為我們控制了把手。這就是我們得「學」騎腳踏車的原因。身為初學者的時候，當我們發現身子往左邊倒，就得操縱龍頭往左，這樣可以產生讓身子恢復直立的力道，讓車輪回到身體的重心下方。初學者騎起車來往往搖搖晃晃，熟練以後，校正龍頭的幅度就會變小，就可以沿著直線前進。

騎得越快，腳踏車龍頭擺動的幅度越小；當你騎得很慢的時候，龍頭擺動的幅度就會變大。腳踏車完全靜止的時候，我們的調整就一點忙也幫不上了。

講到這，你可以想想一個類似的問題：爲什麼單腳沿著直線往前跳（或是踩著彈簧高蹺）比單腳站立還容易？那是因爲我們利用跳躍產生校正方向的力道，讓腳落在新的位置上，讓我們得以保持平衡。

休・杭特

來自英國劍橋大學工程學系，動力學與振動研究小組

■ ♫ ■ ♫ ■ ♫

在行進中的腳踏車上平衡身體，之所以比在靜止的腳踏車上平衡身體來得容易，是因爲會騎腳踏車的人知道，藉著轉動龍頭、控制前輪往需要的方向轉向，可以讓腳踏車的前後輪都位在騎士身體的重心之下，換句話說，轉動龍頭可以抵消傾斜的力道。因此，若非經過大量練習，想要在反裝車齒輪組（reverse-geared steering）的腳踏車上平衡身體，幾乎是不可能的任務，因爲這種腳踏車龍頭和車輪的轉向方向是相反的。

通常人們遇到這種問題的時候，都會搬出陀螺效應這種老生常談。我們之所以知道陀螺效應和這個問題無關，是因爲人類已經成功打造出能在冰上騎的腳踏車。事實證明，把車輪換成了冰刀，利用相同的技巧，溜冰者一樣可以保持身體平衡。

哈德森・佩斯（Hudson Pace）

來自英國密德瑟斯，泰丁敦

■ ♫ ■ ♫ ■ ♫

這是因為當你在移動的時候，你可以控制車子的行進方向，但是車子靜止的時候，你無法控制車子的行進方向。如果你的身體往左偏，你會把龍頭往左擺，反之亦然。這麼做可以讓車輪重新回到身體的重心之下。

一般腳踏車的幾何學構造可以幫助你做到這一點。保持身體直立需要一連串細微的校正動作，就算輪子下面有個固定的滾輪，只要滾輪可以轉動方向，一樣可以透過轉向校正的方式，控制腳踏車往左或往右。

陀螺效應似乎可以增加穩定性，但你只要騎著車輪很小的腳踏車，或者加裝反陀螺儀就可以抵消車輪的陀螺效應，這也表示對於穩定性這個廣泛的問題而言，陀螺效應並不是答案所在。同樣的，移動身體的重心通常也是保持平衡的一種方式，但不是必要的條件：說來有趣，如果你用改變身體的重心來校正行進方向，會比較容易學好怎麼騎斜躺式的腳踏車。

強納森‧烏爾瑞奇（Jonathan Woolrich）

來自英國薩里，艾罕

■♘■♘■♘

很高興看到前面的讀者都認為陀螺效應對於腳踏車的穩定性沒有太大作用，但同時我也覺得很吃驚，大家都忽略了一件事：腳踏車本身的設計，就可以讓騎腳踏車這件事變得更簡單。

每個騎過腳踏車的人都知道，當腳踏車達到一定的速度，放開雙手也能騎車。大多數人也注意到把無人騎的腳踏車推出去，

只要車子的速度稍稍大於人行走的速度，腳踏車也能筆直前進一會兒。這是因為一般腳踏車的設計，本身就包含了穩定性在內。

車身的穩定性和循跡（Trail）有關，所謂的循跡，指的是前輪的著地點和龍頭軸線與地面交點之間的距離，而前輪著地點會位於龍頭軸線與地面交點的後方。這是因為龍頭軸線和腳踏車的前叉（裝在把手與前輪之間的叉形車架）本身就有一定的傾斜程度。循跡的作用就像滾輪。如果腳踏車往左傾斜，這時前輪與地面的接觸力會使車輪往左轉，因此放開雙手騎車的騎士可以藉著身體左右傾斜來控制車行方向。根據動力學分析的結果，循跡加上陀螺效應，在腳踏車達到一定速度時，可以提供車身穩定性，其中循跡是最重要的因子。

哈里森（H. R. Harrison）

來自英國艾色克斯

■♢■♢■♢

騎腳踏車最常見的觀念就是：當你想要左轉，就把龍頭往左轉。然而，實際實驗一下，用你的指尖穩住龍頭輕輕把龍頭往左推個幾公分，你會發現車子往右轉，而不是往左轉。這種違反直覺的現象，是因為稍稍把龍頭往左推會讓腳踏車往右傾斜，所以車子會往右轉。

馬克‧派提葛洛（Mark Pettigrew）

來自英國南約克郡，雪菲爾德

想要看看沒有陀螺效應的腳踏車是什麼模樣，

來自劍橋大學工程學系的休‧杭特張貼了幾張圖片（http://www2.eng.cam.ac.uk/~hemh/gyrobike.htm）。

一九八七年，《新科學家》週刊報導了湯尼‧多以爾（Tony Doyle）的傑作，來自英國雪菲爾德大學的他打造了一輛腳踏車，不只取消了陀螺效應，而且也沒有循跡，所以車子也不會有轉向輪後傾效應（一九八七年四月三十日，第三十六頁）。文中寫道：「只要克服了想要尖叫的本能反應，就可以輕鬆的駕馭這種不穩定的腳踏車……雖然可以騎，但是相較之下一般的腳踏車很快就能進入穩定狀態，當騎士想要左傾調整車子的運動方式，車子會在瞬間延遲之後立刻反應。」他還描述了讓腳踏車轉向所需要做的一系列動作：「當車子有一定速度的時候，如果騎士想要右轉，確實必須把龍頭往左推，並在整個轉彎過程中持續這樣做。」

——看完這篇文章後，差點變得不會騎腳踏車的編輯

Q⁰⁸⁹ | 為什麼衛星發出的光會熄滅？

在西班牙度假的時候，我們最喜歡的消遣就是盯著夜空瞧。附近沒有城市帶來的光害、沒有雲、沒有月光照亮天空。這時經常可以看見在夜空漫遊的衛

星。但有時候衛星閃耀明亮光芒後，又逐漸變得黯淡，為什麼會這樣？

珍‧克洛克瓦斯基（Jan Krokowski）

來自英國，格拉斯哥

A:

這種情形通常發生在日出前或日落後一小時，這時雖然地平線上看不見太陽，但從位於低地球軌道的許多衛星上，還是可以看見太陽。

陽光被衛星表面（如衛星表面的太陽能板）反射，於是你在地球上可以看見明亮的閃光，然而隨著衛星移動，這道閃光很快就會變暗，直到衛星不再能反射陽光到你眼裡。

其實衛星就像一片移動的鏡子，一邊移動一邊反射太陽光。

周青陽（Kin Yan Chew）

來自美國康乃狄克州，密德鎮

■♂■♂■♂

一九六〇年代，我負責操縱愛丁堡皇家天文台（Royal Observatory Edinbrugh）的衛星攝影追蹤經緯儀（是一種追蹤空中或軌道物體的儀器）以及史密森天體物理觀測台（Smithsonian Astrophysical Observatory）口徑二十吋的貝紐式衛星追蹤施密特攝星儀（Baker-Nunn satellite-tracking Schmidt camera）。

　　我觀察、攝影過的衛星不下幾百顆，發現許多衛星在橫越天際的時候，亮度會改變。這是因為在軌道上運行的衛星改變位置所致，就像地球上觀察者看到的一樣，有時候衛星滾動或旋轉，也會以不同的表面反射陽光。當衛星的構造有片平坦表面的時候，這種現象更是明顯。傍晚時，衛星會進入地球的陰影中消失不見（或者衛星由西往東移動），到了早上又離開地球陰影，重新出現。

　　我現在是耿西（Guernsey）天文學會的會員。現在地球軌道上有數千顆衛星，如果夜空晴朗，通常我可以找到三十顆，而且許多衛星的亮度都會變。其中最特殊的莫過於銥行動通訊衛星（Iridium telecommunications satellite），這種衛星的天線反射能力很強，可以產生非常亮且可以持續數秒的光線，有些衛星甚至在白天都能看見。

　　想要知道何時可以看見其他衛星，請造訪 www.heavens-above.com

大衛‧列‧康提（David Le Conte）

來自海峽群島耿西，克斯特爾

■ ◊ ■ ◊ ■ ◊

　　一九六〇年代中期，我是「太空垃圾」（Space Junk）通訊計畫的工作人員，計畫內容包括處理數量逐漸增加的衛星，以及留在地球軌道上的末級火箭發動機（Final stage rocket）的微波問題。在夜晚，為了精準找出衛星反射盤所在的位置，我們利用光學追蹤器來提高並改善理論的預測結果，也因此我很清楚各種太空垃圾的視覺特徵。

據我們觀察，有些物體的亮度很穩定，有些亮度變化極大，有些則會出現規律的閃光；我們發現，物體類型和觀察到的視覺特徵之間有關聯。

真正的衛星一般而言具有規則的形狀、相對穩定的亮度，火箭體通常是圓柱形，會發出閃光，又因為結構不穩定，所以經常翻來倒去，翻轉的速率範圍很大，可能幾秒鐘一次，可能幾分鐘一次。

近來地球低軌道上有上千個可見的物體，每一種物體都有特定的視覺特徵。

理查‧哈利斯（Richard Harris）

來自英國伍斯特郡，馬爾文

■👍■👍■👍

我的「死前願望清單」，其中一件事就是當銥衛星掠過我頭頂的時候，打一通銥衛星電話。想想看，當我跟未婚妻細語呢喃的時候，能夠一邊看著打這通電話所使用的衛星，感覺真是詩意。不過，我的未婚妻寧可我送花給她。

巴瑞‧漢恩（Barry Hahn）

來自英國倫敦

■👍■👍■👍

前一位讀者表示他想要在講電話的時候，同時看著正在使用的那顆通訊衛星。這當然是有可能的事情，只要你抓到國際太空站通過頭頂的時間，收聽特高頻（VHF）業餘電台的下行頻率頻道。

一九九一年，我與位在和平號太空站執行朱諾任務（Juno Mission）的英國太空人海倫・夏曼（Helen Sharman），和幾所英國學校之間組織了一次業餘的無線電通訊。五月正式撥通的前一個禮拜，我和和平號太空站的太空人慕沙・馬那洛夫（Musa Manarov）先進行了一次試驗。在和他通話時，和平號正開始橫越晴朗的夜空，歷時十二分鐘，在地球上可以看得非常清楚。

幾年後我曾受邀到「登比代爾業餘無線電協會」（Denby Dale Amateur Radio Society）進行一場和朱諾任務中與業餘無線電有關的演講。正巧那天傍晚也可以看見和平號太空站橫越天際，因此時間一到，所有的會員全都被帶往戶外，同時也聽著與太空人通訊的聲音。這次欣賞到的畫面更特別，因為可以看見和平號太空站後方不遠處有一艘補給太空船，預定在幾個小時之後為和平號太空站進行補給。

有關業餘無線電的資訊，以及如何接聽國際太空站通訊的方法，可以造訪以下網站：www.uk.amsat.org

理查・侯登（Richard Horton）

來自英國北約克郡，哈羅蓋特女子學院應用物理及通訊系主任

Q⁰⁹⁰ | 開車時是開窗還是開空調比較節能？

我知道夏天時打開車上的空調，既不節省能源，也不環保。但是開著窗戶開車也好不到哪裡去，因為隨著我的車速增加，有效通氣量也會增加，如此一來增加

了氣動阻力（空氣作用於移動中的物體上的阻力），油錢也會跟著增加。那麼，究竟要開在什麼樣的速度，既可以關起窗來吹冷氣，對環境也算友善？

鄧肯・辛普森（Duncan Simpson）

來自英國劍橋，密爾頓

這也是一個可能得不到直接答案的問題，因為有太多需要考慮的因素。

—————————— 頭也不回去吃下午茶的編輯

A:

有許多研究開窗／開空調和汽車效能之間的關係。一九八六年，《直擊內幕》（*The Straight Dope*）專欄的賽西爾・亞當斯（Cecil Adams）就曾經做過嘗試（www.straightdope.com/classics/a2_393.html）。開著一台四門的龐蒂克6000LE（Pontiac）以平均時速九十六公里的速度跑了五百公里。

如果關窗關空調，每公升汽油平均可以行駛十二點四公里；關窗開空調的話，是十二點二公里；開窗關空調的話，則是十二公里。實驗結果告訴我們：關窗開空調還比較省油。這項研究進行的時間是五月，地點在俄亥俄州。

佛羅里達州太陽能中心做過一項調查，得到了不同的結論。以福斯GTI為試驗對象，發現車行時速達到一百零八公里的時候，開窗會使耗油量增加3％，開空調會使耗油量增加12％。

這項研究進行的時間是七月，地點在佛羅里達州。

　　至於月份、地點和氣候會不會影響這些結果，就留給別人去傷腦筋吧！

大衛・利普特洛特（David Liptrot）

來自英國柏克郡，里丁

■👍■👍■👍

　　這要看你開的是什麼車、車子的空氣動力學設計如何，以及車子有多重？另外還要考慮氣溫和空調設定溫度之間的溫差。簡單說，沒有一體適用的答案。

彼得・夏普（Peter Sharpe）

來自澳洲新南威爾斯，莫威倫巴

■👍■👍■👍

　　美國的電視節目《流言終結者》（Mythbuster）用相同的車和相同的油量做過試驗。結果發現時速八十公里時，開著窗戶比較省油，而高速行駛的時候，最好開空調。

霍夫・溫德爾（Hoff Wendell）

Email來信解答，地址未提供

■👍■👍■👍

　　二〇〇四年，美國汽車工程師協會（US Society of Automobile Engineers）做過一項研究，顯示了這個問題到底有

多難回答（可以參考以下網路文件：www.sae.org/events/aars/presentations/2004-hill.pdf）。這項研究針對大型家庭車和休旅車為研究對象，看看開空調對燃油效率的影響為何。實驗地點在亞利桑那州美沙（Mesa），通用汽車的沙漠試車場，結果顯示車速超過每小時五十六公里時，搖下車窗比開空調還省油。

要解讀這樣的實驗結果必須小心謹慎，畢竟各種因素如車外的風速、風向和氣溫都會影響結果。只有一點不出所料：高速行駛時，流線型的車子比較省油。

李昂內爾・庫柏（Lionel Cooper）

來自澳洲，新南威爾斯

Q⁰⁹¹ | 車子後面掛鐵鍊真的可以預防暈車嗎？

以前我爸總在車子後面掛著一條鐵鍊，就這樣沿路拖著開。他說這樣可以避免我們暈車。我一直以為這只是一種安慰性質的說法，但後來卻發現我夫家的家人也這麼做，藉此避免狗暈車。這招真的有用嗎？如果真的有用，那又是為什麼？

吉內特・安德雷斯（Ginette Andress）

來自澳洲新南威爾斯，阿蘭比高地

A:

　　掛鐵鍊可以防止暈車是假科學。之所以會這樣，源自於人們根本就搞錯暈車真正的原因。

　　暈車，就跟其他類型的動暈症一樣，是因為眼睛和內耳平衡系統對移動的感受發生衝突。以暈車的人來說，幽閉恐懼症、聞了不舒服的味道、吃得太飽，或者車內通風不良，都有可能加劇想吐的感覺。當然了，各種原因其來有自（詳見本書Q71）。

　　運送石油的油槽車都會拖掛靜電放電用的鐵鍊，因為當油槽車的油管靠近加油站的儲油槽口時，車上如果殘留多餘電荷，有可能造成火花。因此在車尾懸掛鐵鍊成了一種安全措施，可以在輸油前消除車上所有電荷，畢竟電荷有可能造成加油站爆炸。六〇年代到八〇年代有許多車輛加裝了鋁和橡膠製成的薄片，但是跟那相比，掛一條鐵鍊簡單多了。就算掛鐵鍊有理論上的實用性（先不考慮把這種東西賣給容易上當的駕駛人，可以讓供應商獲得利潤這件事），然而當車速越來越快，鐵鍊無可避免的會孤零零地飄揚在空中，這時就算鐵鍊真的有什麼功用，也都是一場空談。

海德里安・傑夫斯

來自英國，諾里治

如果在車子後面掛鐵鍊就能防止暈車，那飛機就好慢，螞蟻都能得奧運一百公尺賽跑冠軍了呢！

———————————— 講反話是種藝術．編輯

Chapter

8

你也這樣覺得嗎？詭異的天氣

Q^{092} ｜ 雪花獨特又對稱的六角形結構是怎麼來的？

構成雪花的水分子如何影響距離幾千分子遠之外的分子，打造出六角形的構造？換句話說，雪花是如何形成那樣獨特又對稱的六角形？

唐・傑威特（Don Jewett）

來自美國加州，索薩利托，整形外科手術榮譽教授

A:

水分子沒這個能耐。這其中也沒有什麼神秘的力量。這是因為當氣壓為一大氣壓，或低於一大氣壓的時候，冰晶的格狀構造形成過程會產生六次對稱作用（在極端氣壓下，晶格會形成其他形狀）。

水分子距離冰晶有多遠並不重要，它只要能填補晶格之間的空隙就行，如果它移動得太快，就無法安在晶格間的縫隙裡。這就好比俄羅斯輪盤上跳來跳去的珠子，非得要喪失一定程度的動能以後，它才會停在某一個數字空格裡。同樣的，跳來跳去的水分子也要喪失一定動能，才會乖乖待在晶

格的空隙裡。

　　在熱能慢慢消散的環境中，水分子會有秩序地填入晶格的空隙中，而我們熟悉又喜歡的冰晶就會形成對稱的形狀。

　　在微環境中，溫差和氣壓差造成的變異，使每一片雪花的形狀都不一樣，雖然它們看起來很相似，但世界上沒有兩片一模一樣的雪花。

　　快速結冰的過程會導致互相嵌結的冰晶變得密實，不會有明顯的冰晶結構，比如冰塊就看起來晶澈透明。然而當結冰速度慢，範圍又受限的時候，像是玻璃窗或池塘表面，逐漸冷卻的過程中，在結冰面的前緣，就會產生典型的六角形冰晶。

比爾・傑克森（Bill Jackson）

來自加拿大安大略省，多倫多

■♂■♂■♂

　　雪花的形成從一顆灰塵粒子或類似的成核點開始，水分子圍繞著成核點結冰，產生六面對稱的冰晶種子。在六角形的角落，水蒸氣結冰的速度更快，因此開始從角落長出冰臂。如果冰晶接觸到不同的大氣狀況，會導致冰臂生長的速度不一。雪花一邊形成，一邊在雲層中移動，會經過許多溫度濕度都不相同的區域，使得不同晶面有不同的生長速度。

　　各晶面不同的生長速度是決定雪花最終形狀的因數。因為雪花很小，可以說每一面接觸的環境都是相同的，所以會以同樣的方式生長，形成幾乎對稱的結構，不過雪花這麼小，說不

上有非常完美的對稱結構。自古以來，每一片雪花都稍有不同，每一片雪花都是獨一無二的。

賽門‧艾佛森（Simon Iveson）

來自印尼日惹，國家發展大學

■♘■♘■♘

簡單回答這個問題：水分子沒有這種能力。許多攝影師一直在找尋形狀幾近完美對稱的雪花，但是大部分的雪花都不是對稱的。看看全世界最著名的雪花獵人怎麼描述他的經歷：www.its.caltech.edu/~atomic/snowcrystals/myths/myths.htm#perfection

柯林‧杜利（Colin Dooley）

來自西班牙

Q⁰⁹³ | 下雨時車內玻璃為什麼會起霧？

我發現氣溫寒涼的早晨火車車窗內就會起霧，而當氣溫達到攝氏六、七度的時候，窗戶就變得明亮乾淨。然而，如果是攝氏六、七度，甚至更高的氣溫配上下雨，窗戶又會起霧。為什麼會這樣呢？

克勞斯‧佛羅比

來自英國密德薩斯郡

Do Polar Bears
Get Lonely? 255

A:

　　和外界的冷空氣接觸會導致火車車窗的溫度下降，不過因為玻璃會導熱（假設火車車窗都是單層玻璃），所以車窗玻璃內外兩面的溫度會很接近。

　　當車窗內面的玻璃溫度低於車廂內空氣的露點溫度（在固定氣壓下，空氣中所含的水達到飽和並凝結成水所需的溫度）時，就會產生蒸氣──冷卻的空氣已經飽和，濕氣便開始凝結。就提問者提出的狀況來看，車廂內空氣的露點溫度大約是攝氏七度。

　　下雨時，乘客濕漉漉的衣物和雨傘會在車廂地板上留下水滴，使車廂內變得潮濕。這時車廂外的熱氣使雨水蒸發，空氣中的溼度大為增加，車廂內空氣的露點也會跟著提高。因此，下雨時車窗內凝結的溼氣會比晴天的時候更多。如果車窗是關上的，導致濕氣受困在車廂內，這個現象會更明顯。

馬丁・揚（Martin Young）

來自英國，德文郡

■☌■☌■☌

　　別忘了還有件事：被雨打濕的車窗上的水分蒸發時，玻璃溫度會下降。當火車開始移動，風會增加水分蒸發的速度，因此車窗的溫度會越來越低，會比晴天時還要低得多，我在想，可不可以用這個方式來冰鎮啤酒呀？

史賓賽・威爾特（Spencer Weart）

來自美國馬里蘭州，美國物理聯合會物理歷史中心主任

Q⁰⁹⁴ | 為什麼想吐時去涼爽的地方就會好多了？

想吐的時候，到涼爽的環境之後感覺就會好多了，相反的，處在溫度、濕度都較高的環境，卻只會更想吐，為什麼？

來自英國西約克郡，曼寧漢姆

似乎沒有人能夠解釋這個現象，不過我們倒是收到一大堆有趣的說法。

───────────── 興致盎然翻閱答案的編輯

A:

凡是暈過車的人都能跟你保證：涼爽沒啥用。就算全世界最舒爽的涼風拂面而來，也不能解暈。

動暈症最主要的肇因，是我們接受到的視覺訊號和內耳平衡系統接收到的訊號互相衝突。待在船的甲板下，各式混雜的壓力讓人更想吐，尤其躺在擁擠又幽閉的船艙裡，你不但無法凝視一個穩定的參考點，搖來擺去的船艙還會讓你的頭不由自主的跟著晃。另外，柴油、嘔吐物的氣味、引擎的轟隆聲只會讓想吐的衝動更強烈，更別提耳邊還有那些不會暈船的人一直七嘴八舌的提供你各種沒用的偏方。

當你來到甲板上呼吸新鮮的空氣，眼前是一望無際的海平線，感覺就平靜多了，最討厭的感官刺激和情緒因素也都消散一空。尤其要記得，這時候不要靠著欄杆，而且要以海平線作為視覺穩定參考點，如此一來才能忽略船隻反覆無常的顛簸、習慣這樣的動態環境。

當你克服了這一切，覺得嘔吐的衝動受到控制時，就證明這個方法是有效的，但重點不在涼爽的環境，因為如果你望著搖晃的舷窗、靠著搖晃不定的欄杆同時還盯著腳下擾動的海水，不管有沒有微風，都一樣會想吐。

瓊・瑞奇菲爾德

來自南非，西薩莫塞特

■◊■◊■◊

讓想吐的人從溫度低的地方移動到溫度高的地方會更想吐的原因，可能是因為到高溫環境會誘使身體產生更多血紅素氧化酶，身體各個部分都能產生這種熱休克蛋白。

這種酵素把血紅素、肌蛋白和細胞色素分解成鐵、膽綠素和一氧化碳，如果有任何壓力源出現，會加速這些分解的過程。

在炎熱的環境下，人呼出的一氧化碳濃度可能比處於環境涼爽時高了二十倍。體內產生這麼大量的一氧化碳恐怕不只會讓你覺得噁心，可能還會伴隨其他遭受熱壓力時會出現的反應，包括嘔吐、頭痛、疲勞和虛弱。

亞伯特・唐奈（Albert Donnay）

來自美國馬里蘭州，路瑟維爾

有一次我不小心用鐵鎚敲到了大拇指。一位有過這種經驗的朋友告訴我有個解痛的妙方，接著快速踩了我的腳趾，大拇指立刻就不痛了。這個踩腳趾的妙招顯然和吹涼風的方法有著異曲同工之妙。

馬克‧華勒斯（Mark Wallace）

來自荷蘭‧貝次特斯瓦格

■♢■♢■♢

不知道提問者是不是問錯問題了？我覺得正確的問法應該是這樣：「為什麼處在你喜歡的氣候環境裡，就會覺得比較舒服？」

一九六五年七月，我身處在墨西哥一處海拔高、氣溫寒涼且空氣乾燥的觀景台，當時我水土不服得厲害，那噁心的感覺似乎永遠不會消失。但是後來當我下了飛機，踏上阿卡普科（Acapulco）的土地，那溫暖濕潤的空氣立刻治癒了我（而且當時我還飢腸轆轆）。

關於這個問題，我相信你一定會接收到許多不同的答案，這也證明了由湯瑪斯‧戈爾德（Thomas Gold）率先提出的論點：理論家正著反著都能說。

維吉尼亞‧川伯（Virginia Trimble）

來自美國加州，厄凡

Q^{095} | 最大的雨滴有多大？

最大的雨滴有多大？

麥克・李奧納德（Michael Leonard）

來自英國史坦福郡，斯托克

A:

水滴裡的分子均勻受到鄰近分子來自各個方向的拉力。分子間的吸引力會使液體聚縮到最小的表面積，於是會呈現球形。外圍的分子受到水滴內分子和周遭分子的吸引，提供了表面張力，讓昆蟲可以行走於水滴上。

隨著水滴越來越大，表面張力越來越弱，水滴也變得更不穩定，無法維持球形，於是便開始變形。所以說，直徑小於兩公釐的雨滴可以維持球形，但當體積越來越大，雨滴的形狀就會開始變得像圓麵包：底部平坦，頂部呈現圓弧狀。雨滴落下時受到空氣阻力影響，且雨水沒有足夠的黏滯度抵抗這些干擾，所以雨滴大約在直徑五公釐的時候就會開始崩解。

上述這些事實，大家早在一九〇四年就已經知道了。這多虧了匈牙利籍，曾獲諾貝爾桂冠的物理學家菲利浦・萊納德（Philipp Lenard），和早期以拍攝雪花聞名的美國攝影師威爾森・班特利（Wilson Bentley）設計的實驗。

萊納德利用垂直的風洞研究雨滴落下的過程；班特利則讓

雨滴落到盛裝麵粉的盤子上形成麵粉顆粒，藉此測量雨滴的大小。

至於在太空梭上的實驗結果則顯示：在微重力場（而且沒有風的干擾下）裡，水滴的直徑可以超過三公分，不過從影片中可以看到球形的雨滴有如果凍一般顫動，因爲此時表面張力已經太弱，難以維持水滴的球形，而且水滴的黏滯度也不夠，無法抵抗這些干擾。

麥克．發洛斯（Mike Follows）

來自英國西密德蘭，維倫荷

■👌■👌■👌

一般而言，落到地面的雨滴直徑介於一到兩公釐之間，不過幾年前曾出現兩次雨滴直徑八點八到十公釐的紀錄。第一次是研究飛機飛越巴西上空的濃積雲時發現的，濃積雲會出現在對流旺盛的地區，通常有強勁的上升氣流就會出現濃積雲。據信因爲當時下方發生森林大火，凝結的水氣附著在煙霧粒子上，進而形成碩大的雨滴。位於密克羅尼西亞（Micronesia）的馬紹爾群島（Marshall Islands），清澈的海洋空氣也曾造就大型的雨滴，這是因爲雨滴形成於雲中狹窄的區域，互相撞擊後形成更大的雨滴。不過，這麼大的雨滴在落下的過程中會遭遇空氣阻力並且開始崩解，幾乎不可能以完整的形態落地。

馬丁．陶茲（Martin Dodds）

email來信解答，地址未提供

■👌■👌■👌

一九五七年的電影《聯合縮小軍》（The Incredible Shrinking Man）中，飾演主角的葛蘭特‧威廉斯（Grant Williams）在劇中遭受神秘雲朵發出的光照射後，身形不斷縮小。到了接近片尾的時候，他的體型已經跟昆蟲差不多，受困自家的地窖裡，有個漏水的水龍頭正威脅著他的生命，巨大無比的水滴看起來就快要把他淹死了。

事實上，劇組人員安設好巨大的水龍頭之後，物理定律讓漏下的水滴全都是正常大小，才沒像電影裡的那麼大呢！這部電影製作結束後幾年，我遇到該片導演傑克‧阿諾德（Jack Arnold），他告訴我，當時他偶然想出了個製造出巨大水滴的妙計：他買了一百盒透明乳膠保險套，交代布景人員把保險套灌滿水。

開始拍攝時，威廉斯把攝影機對準巨大的水龍頭，此時藏在布景後的工作人員把裝滿水的保險套推出來，一次一個。拍攝出來的效果還挺有說服力的：每一個保險套在空中的形狀就像淚滴，落地之後，破裂的保險套又釋放出無數更小的真實水滴。從這巨大水龍頭落下的每一顆水滴，大概只比縮小人的頭小一點。

阿諾德還告訴我，製片人要他解釋為什麼需要買一百盒保險套，他這麼回答：「電影殺青之後，我們舉辦了一場狂歡的收工派對……」

關普蘭‧麥金太爾（Gwynplaine MacIntyre）

來自美國，紐約

看完了前一個回答，發現電影或漫畫、動畫裡的場景其實完全不符合物理定律，是不是稍微有點失望呢？別沮喪，現實生活雖然沒辦法像想像的作品那樣充滿魔法，但我們最厲害的能耐，就是能把想像化為現實。

　　——如果你願意，手機就是我們的魔杖·編輯

Chapter

9

包山包海綜合提問

Q^{096}｜超過橋梁載重量的卡車過得了橋嗎？

　　卡車司機駛近限重五千公斤的橋樑，司機加上卡車重四千九百五十公斤，但他車上載了一百公斤的貨物──一群散放在卡車車廂裡的鴿子。過不了橋的卡車司機想出一個好主意：他打算敲打車廂側壁，讓所有的鴿子受驚飛起，這時他再趕快抓緊時間駛過橋樑，這方法行不行得通？

大衛・湯瑪斯（David Thomas）

來自加拿大魁北克，潘特克萊爾

A:

　　不幸的是，卡車司機恐怕會為了這些鴿子讓橋樑坍塌而一命嗚呼。不要說鴿子了，想像一輛車廂大到足以讓直升機在車廂裡升空的卡車（先別考慮其中惱人的空氣動力學問題），就算直升機飛起來了，卡車仍須承受直升機螺旋槳形成的沉降氣流施加於車廂的壓力。同樣的，鴿子拍動的翅膀一樣會形成沉降氣流。

列・杭特（Leigh Hunt）

來自英國薩里・雷德希爾

要回答這個問題得先看貨物裝載在車廂裡的方式。如果車廂裡都是密封的箱子，那麼箱子的重量會直接加在卡車上。鴿子棲息時，牠們的重量也會直接加在卡車上。就算鴿子振翅飛翔，牠們造成的氣流循環也會對車廂底板施加額外的壓力，和鴿子本身的體重相等。

在穩定的狀況下，所有密封貨箱內容物的重量加總，可視為一個重量固定的大箱子，在這裡面，內容物的分散狀態或活動狀態都不會影響總重。

唯一可能讓卡車載著鴿子過橋的方法，就是讓處在密閉車廂裡的鴿子全都呈現「非穩定的狀態」。假設卡車司機可以訓練鴿子在卡車駛經橋樑的時候全都騰在半空中不拍動翅膀，這時鴿子會因為重力作用開始自由落體運動，這樣一來，牠們落在車廂底板前就不會對卡車施加額外的力。

然而，要拿捏這樣的時機可不簡單。在高兩公尺的車廂裡，鴿子自由落體的時間只有零點六四秒。如果你能訓練鴿子往上跳直到快碰到車廂頂部，接著開始自由落體，過程中完全不振翅的話，你可以獲得兩倍的時間。這就和雜耍者在過橋前把鴿子往上拋，過了橋再到另一頭接住鴿子是一樣的道理。當然，這有實行上的困難。

如果車廂底部或頂部有大型開口，或者是像這樣更好的狀況：車廂底部及頂部都是鐵絲網結構；那可能還有一個解決方法。因為車廂內外的空氣可以自由流動，所以流動的空氣可以承載鴿子的體重，不會轉嫁到卡車上。流動的空氣會對車廂的垂直壁和鐵絲網產生微小的向下剪力（作用於物體上大小相等、方向相反且互相垂直、距離相近的兩股力），然而這遠比鴿子的

靜重輕得多，因此卡車可以安然通過橋樑。

雖然前面說了這麼多，但是這個方法要行得通，得要橋面上也有讓空氣流通的孔洞才行，這樣鴿子才不會對橋面施加向下的作用力。最理想的狀況是：這座橋的橋面只是兩片能供車輪行駛，且彼此分隔的木板。

賽門・艾佛森（Simon Iveson）

來自澳洲新南威爾斯

■♢■♢■♢

讓實務工程師來回答的話，答案是：可以。卡車司機當然能夠通過橋樑。那多出來的五十公斤重量相當於橋樑最大限重的1%，連卡車輾過小石頭對橋樑路面造成的衝力都遠比這1%來得大。任何土木工程師要是設計出安全範圍只有1%的工程結構，還因此被告上法院，那都是咎由自取。

法蘭克・布克斯頓（Franc Buxton）

來自英國西密德蘭，考文垂

Q⁰⁹⁷ | 關在鏡子箱裡的光能跑多久？

如果有個空心的立方體，內面由完美無瑕的反光鏡組成，打開手電筒在這個立方體裡照一照，接著關掉手電筒，光線會繼續在裡面反射，還是立刻就會變

暗？如果變暗了，那光線跑去哪兒了？如果光線繼續在立方體裡反射，那會維持多久？這個問題好久以前就一直困擾我了。

保羅·哈伍德（Paul Harwood）

地址未提供

A:

如果這個立方體是由完美無瑕的反光鏡組成，那答案是：會，光線會永遠在裡面反射來反射去。可惜，鏡子並非完美無瑕，有些光線是會被鏡子吸收的。

光線照射在一面居家用的鏡子上，大概只有八成被反射。如果你站在兩面大鏡子之間，把鏡子調整到可以看見一系列反射影像的位置，你會發現這些影像很快就明顯暗了下來。就算是高品質的望遠鏡也只能反射95％到99％的光線。

另外還要考慮光速。在一立方公尺的立方體裡，內面由可以反射95％光線的反光鏡組成，在一百萬分之一秒的時間裡，光線被反射了三百次，每一次減少5％的亮度，最後的亮度會是不到原本的百萬分之一。

所以，光線被吸收之後會怎樣呢？光線被吸收的同時會使吸收光線的物體表面溫度升高，因此這個空心立方體裡的溫度會變得稍微溫暖一點。

約翰·勞莫（John Romer）

來自英國薩里郡

如果鏡子真的完美無瑕，而立方體裡也確實空無一物的話（就連空氣也沒有），答案是肯定的。不幸的是，一般的鏡子都沒有這麼完美。再加上光速快得不得了，經過多次反射之後，最後幾乎會完全被鏡子吸收。附帶一提，立方體裡的空氣也會吸收光線，但吸收得比較少。

根據全內反射定律（當光線經過兩個折射率不同的介質時，部分光線會被折射，但當光線的入射角大於臨界角／九十度，射入介質的光則會被完全反射）。世界上的確有完美無瑕的鏡子，舉個例子，水中的光線要射入角較小時才能進入空氣，如果射入角較大，那麼光線會在水面下就被完全反射，無法進入空氣。只要看看水族箱或裝了水的玻璃杯，就可以觀察到這個現象。另外，從水面下以大角度的視線看向水面，因為全內反射定律的存在，你會看見自己的反射影像。有趣的是，提問者的問題中負責反射光線的是鏡子，而鏡子既不是空氣也不是水，比較像綜合了水和空氣的界面。

為了讓全內反射能夠發生，光線進入介質的折射率必須比鄰近的物質來得高。然而，儘管兩介質之間的光線可以被完全反射，光線行經第一個介質時，勢必有一部分會被吸收。所以，事實是殘酷的，世上沒有絕對完美的鏡子盒，不過至少有很接近完美狀態的就是了。

光纖纜線就是利用了全內反射定律，讓光線沿著纜線移動很長的距離卻只有些微耗損。它就像一個鏡子盒，只是兩端的距離非常遠。切割鑽石的時候，全內反射定律也派得上用場，可以讓光線在完全消失之前於鑽石裡多次反射，讓鑽石散發耀眼的光芒。

說到這，已經有物理學家造出了球形的鏡子盒。在高 Q 值

（儲藏的能量與耗損的能量的比值）的球形微共振器裡，多虧了全內反射定律，光線才能被困在小小的玻璃球中，以小角度不斷被球的內壁反射。光線不斷進入球體內、沒有光線能夠逃出，被吸收的光線又很少，於是微球內部就能夠達到很高的光強度。

這些球形微共振器是非常靈敏的感應器，用來偵測落在物體表面的雜質，因為一但有雜質出現，全內反射就會受到干擾。

奎恩・史密斯威克（Quinn Smithwick）

來自美國麻州，劍橋

Q⁰⁹⁸ │ 為什麼電視播的畫面和親眼看的有落差呢？

最近我上了在地電視台的節目。到了攝影棚後，我被要求換掉身上的Ｔ恤，因為衣服上的圖案在螢幕上會變形。為什麼會這樣呢？又為什麼到了今時今日，電視還不能忠實傳送攝影機拍到的畫面呢？

艾倫・法蘭西斯（Alan Francis）

來自英國，加地夫

A:

可能的原因有兩個。首先，在英國，類比電視訊號利用

PAL色彩編碼系統，以非常細緻的發光模式把色彩資訊傳送到黑白訊號上。如果讓高解析度的黑白螢幕接收彩色的電視訊號，就會出現往後傾的藍色、黃色條紋，和前傾的紅色、綠色條紋，至於橘色或青色等混色則會形成網紋圖案。此外，彩色電視的接收器有可能誤把彩色T恤上的細緻圖案當作是色彩資訊，然後進行解碼，使觀眾看到閃爍的色彩，一般來說這會使人看了不太舒服。比起六○年代，新型電視的解碼器能力好多了，然而現行的編碼標準並無法完全分離所有的色彩和亮度。

第二種可能性和電視訊號的頻寬有關。攝影棚的數位電視訊號傳輸速率是每秒兩億七千萬位元，然而對傳播數位訊號的衛星而言，傳輸速率必須壓縮到每秒兩百萬至五百萬位元，因此許多每秒二十五畫格的訊號沒有辦法完整輸出，只把畫格之間的差異傳送出去。解碼器負責監控畫格的改變，衣服上繁亂的彩色圖案會造成解碼額外的壓力，導致衣服在螢幕上看起來閃閃發光，造成整體畫面品質下降，因為解碼器的解析能力被用來處理衣服上的複雜圖案了。

過去用來傳送單一類比訊號電視節目的頻道，如今可以替四到五個數位電視台傳送節目，不難想像，在這些傳送過程中總會丟失一些訊號。

我的網站上有兩張圖片說明了亮度和色度的編碼模式（http://www.techmind.org/vd/paldec.html）。此外，你也可以在英國國家廣播公司的網站上，找到研究與開發小組說明有關數位電視議題的白皮書（www.bbc.co.uk/rd/pubs/whp/whp131.shtml）。

安德魯・史蒂爾（Andrew Steer）

來自英國薩里郡

你的衣服不適合上鏡有幾個原因。如果你衣服上的圖案很複雜，到時候會在螢幕上發出惱人的閃爍光芒，也就是所謂的雜訊。為了說得更簡單些，就讓我們想像一下，有一排彼此距離小於螢幕像素間距一半的黑色條紋出現在螢幕上，因為電視沒有這麼高的解析度，當然無法解析這些條紋。雖然具有高解像力的電視可以減輕這種狀況，但無法完全消除。這也是為什麼電影裡的馬車疾奔時，木輪在畫面上看起來像是往後轉。

還有，某些非常明亮的顏色——所謂的暖色，電視訊號解碼器可能無法處理。所以如果你的衣服顏色非常鮮艷，就可能會有問題。

最後，如果電視攝影棚以藍色或綠色為背景，你的衣服上又剛好有相似的顏色，則會使你的身體部分變得半透明，讓你很糗。

傑瑞・哈斯特伯（Jerry Huxtable）

地址未提供

■◊■◊■◊

前面有讀者提到，在電影和電視上出現的馬車木輪之所以看起來好像往後轉，是因為攝影機／電視系統的水平解像力有限。事實上，這是畫面速率造成的頻閃效應（在一定頻率變化的光線照射下，看到的物體會呈現出靜止或和實際運動狀態不同的現象）引起的錯覺。每一個畫格（根據不同國家的標準，畫面速率是每秒二十五到三十幀畫格）都記錄了在特定時間位置的輪輻。如果車輪移動的速率趕不及在畫面進入下一個畫格，

讓輪輻轉動到比上一個畫格更前面的位置，那你的大腦就會覺得車輪是往後轉的。

麥斯・德本傑（Drinberger）

來自澳洲維多利亞，資深電子工程師

Q^099 ｜ 隨機選號真的比較容易中樂透嗎？

買樂透獎券的時候，需要選六個數字作為獎券的對獎號碼。我認為在選獎券號碼的時候應該要隨機，不過怪就怪在這裡了，如果選一到六這一組號碼，跟隨機選六個號碼的機率是一樣的，為什麼我不選一到六就好呢？

艾莉絲・皮爾森（Alice Pearson）

來自英國德文，托特尼斯

A:

就像你知道的，六個一組的數字獲獎的機率就跟其他數字組獲獎的機率一樣，機器選擇號碼的時候並不會偏好特定的數字組合，但人就不是這樣了。我們的大腦已經適應了以尋找模式的法則來看待世界，在我們眼裡，一組由十五、十八、二十三、三十一、三十七和四十九構成的數字，似乎並沒有特

定的模式，因此感覺上和上一週簽的號碼沒有差別。

人類大腦處理眾多數字的辦法就是除去數字的個別性，因此我們會認為一組看來缺乏特定模式的數字是相似的數字。人們會覺得看起來有明顯模式的一組數字不會是讓人中樂透的幸運組合，那是因為我們看到了這組數字的特殊性，而且藉由錯誤的邏輯判斷，認為這組數字不太可能中大獎。

儘管一、二、三、四、五、六這組數字獲獎的機率跟其他數字組合相當，但如果你真的想要抱走大筆獎金，這恐怕不是最完美的數字。我曾經看過有人估計，如果真的開出這一組數字，那麼獎金恐怕得跟一萬個人一起分享，因為這些中獎的人也看透了自以為隨機數字有特定的排列模式只是一種無意義的想法，但他們沒有料想到，會有這麼多跟他們有一樣想法的人。

從這個角度來看，你以為自己「隨機選取」的數字，其中可能牽涉了理性的判斷，最好的策略就是選擇那些別人不選的數字。有許多網站會提供相關資訊，告訴你一年之中哪個月或哪一週，某些數字出現的機率是多少，你可以聽從這些建議，也可以選擇忽略，只要記住「抽獎是完全隨機」的就好。

說來有趣，如果你二〇〇七年二月，在我寫下這篇回應的當週買了張英國樂透，選了一到六這組數字，就會因為有三個數字相符而獲得獎金。至少這是過去五十次抽獎以來，這組號碼第一次中了獎。

史蒂芬・艾利斯（Stephe Ellis）

來自英國，約克

要從四十九個數字中挑選六個號碼，有一千四百萬種組合方式。

雖然每一種組合的中獎機率都一樣，但有許多數字組合看起來比一、二、三、四、五、六這組數字更像隨機選取的數字，好比四、十六、二十七、三十五、四十八和四十九。如果要打賭是有序組合還是隨機組合會中獎，我可以告訴你：贏錢的永遠是隨機組合的數字。

史蒂芬・溫菲爾德（Steven Winfield）

來自英國劍橋

Q^{100} | 怎樣才能減低電擊槍的威力呢？

在最近召開的英格蘭及威爾斯警察聯盟會議（Police Federation of England and Wales）中，要求增加泰瑟電擊槍（Taser）的呼聲越來越高。出於純粹的研究興趣，我想問：如果想要減輕被泰瑟電擊槍擊中後的疼痛，該怎麼做？如果被電擊槍擊中的人抓住了持有電擊槍的警員，會發生什麼事？如果被泰瑟電擊槍擊中的人穿著橡膠底的鞋，那又會如何？還有，犯罪大師要怎麼躲過泰瑟槍的攻勢？穿上全套橡膠衣嗎？

艾迪爾・哈珊（Adil Hussain）

來自英國，伯明罕

A：

泰瑟電擊槍攻擊時，會先射兩個飛鏢到目標的皮膚裡，讓高壓弱電流在肌肉間流竄，導致讓人疼痛無比的痙攣，同時也會失去隨意控制肌肉的能力。不管被攻擊者是穿上橡膠鞋還是站在水裡都沒有用，因為電流只在兩個飛鏢之間流動，不會經過你的身體然後流入地面。

全套的橡膠衣得要夠厚，讓飛鏢無法刺進你的皮膚才有用，其實如果你的衣物夠厚，也可以有同樣的保護作用。泰瑟槍擊中四肢末端部位，像是手臂和腿，依然能發揮相當程度的功效，所以說穿上能夠遮蔽皮膚的衣服肯定有效，但就是熱了點，麻煩了點。

最好的方法就是在電擊槍的攻擊範圍內不斷快速橫向移動，讓對方難以瞄準你，可以躲過被飛鏢射中的機會也最大。

彼得・奧立佛（Peter Oliver）

來自英國北約克郡，蒂斯河畔

■♠■♠■♠

想要閃躲泰瑟電擊槍造成的傷害，最好的方法就是穿一套導電服，讓飛鏢針頭短路。潛水員在鯊魚出沒的海域潛水時，會穿上鐵絲網做成的鯊魚裝，我想這可能是對付泰瑟槍最有效的服裝了，這應該可以抵擋飛鏢刺穿皮膚，不過穿起來可能有點重、看起來有點怪，不太能讓人快速逃離現場。

再說到鋁箔，它應該也具有同樣的功效，而且又便宜，只是可能會被飛鏢針頭扯破而掉落。所以最好的選擇就是穿上金

屬纖維服，應該可以卡住飛鏢針頭。

附帶一提，防彈衣應該也有用，可以阻擋飛鏢針頭刺穿皮膚。

安德魯‧希克斯（Andrew Hicks）

來自澳洲新南威爾斯

■♨■♨♨■♨

我住在加拿大西岸，報紙幾乎每天都刊登有人成功減弱泰瑟槍攻擊效力的報導。奇怪的是，這些人都是結晶甲基安非他命的癮君子，看來，只要吸個幾口就能抵擋泰瑟槍的電流了。

當然了，他們被擊中的時候都神智不清，就算電擊結束了也未必能夠清醒。不過有件事是肯定的：千萬別在家自行嘗試。

瓊‧艾克羅德（Jon Ackroyd）

來自加拿大卑詩省，溫哥華島

以下內容來自二○○八年年初收到的電子郵件。一開始這篇文章刊登在美國某學院的校友報上，內容是某人詳細敘述了用泰瑟電擊槍射擊自己的經驗。雖然這經驗有可能是假的，但我們認為有其真實性。不管如何，這只是為了提醒大家：千萬不要這麼做！

—— 帶著工地安全帽打字的編輯

上週我正好看見一把防身用，電壓十萬伏特的便攜型泰瑟電擊槍在特價。這種電擊槍應該只能維持短暫的效果，對被攻

擊的目標而言，應該不會造成長久的負面傷害。

　　長話短說，總之，我買下這把電擊槍。回家後，我裝上兩顆三號電池、按下按鈕。什麼事也沒發生——真讓我失望。但我很快發現，如果我對著金屬物體的表面按下按鈕，眼前會出現一道來回移動的藍色電弧（我之後得跟我太太解釋，微波爐表面為什麼有個燒焦的黑點）。

　　當時我一個人在家，只有這新玩意兒陪著我，我心想：「它不過就裝了兩顆三號電池，怎麼可能有多大的威力？」我穿著短褲和背心，老花眼鏡架在我的鼻樑上，一手拿著說明書，另一手握著電擊槍，又想：「我得找個真正的目標來試它一試。」

　　操作手冊上這麼寫著：電擊一秒，會使受攻擊的目標休克、失去方向感；電擊兩秒，會使目標肌肉痙攣，失去大部分控制身體的能力；電擊三秒據說會讓攻擊目標像離了水的魚一樣趴在地上，因此只是浪費電而已。此時，我看著這個裝了兩顆三號電池的小玩意兒，心裡只冒出一句話：「不可能」。

　　接下來發生的事難以形容，我盡力寫出來就是了。我的貓歪著頭看我，似乎在告訴我：「別這麼做，蠢貓奴。」但照說明書上的描述，電擊一秒看起來沒什麼大礙，於是我決定親身試試，小心翼翼用電擊槍瞄準我赤裸的大腿，然後按下按鈕⋯⋯

　　我記得霍克・霍肯（Hulk Hogan）從側門衝了進來，抱起椅子上的我，咱們倆一起摔在了地毯上，一次又一次，一次又一次⋯⋯我隱約記得自己醒來的時候是側身弓著，像嬰兒在子宮裡的姿態，雙眼含淚、渾身都是濕的，兩顆乳頭都著火，睪丸不知道跑去哪裡——我感覺不到它們了。至於手臂，則以說不出的怪姿勢被壓在身體下，再加上腿上傳來的一陣陣刺痛，簡直就像身處地獄。

大概過了一分鐘左右（其實我不確定過了多久），我漸漸恢復清醒（用我僅存的一點神智），站起身來看著周遭環境。我那折疊式的老花眼鏡在壁爐架上——怎麼會跑到那裡去？我的三頭肌、右大腿和兩顆乳頭依然陣陣抽痛。臉上彷彿被注射了麻醉針，屁股彷彿有千斤重。至於我的睪丸，到現在都還沒找到……記住，千萬不要在家嘗試這種事情……

Q^{101} | 潛進水裡真的能躲過子彈嗎？

電影裡的英雄為了閃躲子彈，幾乎都會縱身跳入河流或湖泊。他們要潛多深才能躲過子彈攻擊？

克利斯欽・道森（Christian Dawson）

來自英國蘭開郡

A:

在介質中移動的任何物體都會受到阻力的作用，造成移動速度變慢。在水這樣密度較大的介質裡移動，受到的阻力會比在空氣中更大。水的密度是空氣的七百倍，至於子彈遭受的阻力則是移動速度的平方，而且跟子彈的表面積之間存在比例關係。

了解這一點之後，就可以寫下子彈的運動方程式，子彈行進的速度會隨著距離增加而大幅減少。這公式包含了速度、質量和子彈的體積大小、水的密度，以及阻力係數。

　　就拿一般的子彈來說，行進速度大約是每秒三百公尺，進入水中後子彈速度會減慢，頂多只能繼續移動幾公尺。所以想要躲避子彈，潛入水下三公尺大概就夠了。

希瓦蘭（C. Sivaram）

來自印度邦加羅爾，印度天體物理中心

■ᘓ■ᘓ■ᘓ

　　如果壞人站在河岸邊，英雄只需要潛入水面下一到兩公分即可，因爲任何小型槍枝的子彈都只會掠過水面，就像打水漂一樣。

　　如果壞人從飛機上開火，子彈進入水裡的角度會比較小，即便是這樣，口徑零點五的穿甲彈也只能穿透至水面下三十公分左右，而口徑零點三〇三，軍方使用的全包覆式尖彈，大概只能穿透水面五公分。更別提手槍子彈了，它的彈頭比較圓，進入水裡後根本移動不了這麼遠。

　　這些是二戰後美國軍械局（US Bureau of Ordnance）公佈的數據，用以知曉躲在水裡能不能躲過機槍掃射。

　　所以，沒錯，跳進水裡躲子彈是個好方法！

羅斯・菲爾史東（Ross Firestone）

來自美國伊利諾州

■ᘓ■ᘓᘓ

　　爲了測試這個說法，《流言終結者》這節目的團隊在游泳池了裡打造了索具，藉此測量目標物體在水中的深度。他們的實驗目標是一坨彈道膠，質地特性跟人體差不多。至於實驗中使

用的武器則垂直於水面開火，距離水面高度約一百二十公分。

　　主持人使用了兩種小口徑的槍枝，和三種火力強大的步槍。小口徑的槍枝發射出的子彈入水二點五公尺後還能穿透子彈膠；在深水處，子彈碰到子彈膠後便彈開。至於三種火力強大的步槍表現得更是糟糕，雖然步槍射出的子彈以超音速行進，而且入水的時候也發出嚇人的聲響，但衝擊水面引發的減速力，讓子彈進入水面僅僅幾公分就散失衝勁，無法穿透子彈膠。

　　所以，《流言終結者》證明了只要你潛入二點五公尺以下的深度，任何子彈都傷不了你。

麥可・艾登尼茲（Mickael Aydeniz）

來自英國艾色克斯

■♢■♢■♢

　　要回答這個問題，還要考慮另一件重要的事情。入射角較大的時候，水面附近的光線折射會更明顯，讓你的身影變得碎裂，岸上的人會更難看清你的身影，讓開槍的人不知道該瞄準哪裡。

　　折射現象會使你看起來比實際上更接近水面。就算你的身影被看得一清二楚，射手可能得多瞄超過一公尺的深度，才能真正擊中你。

　　不過，好萊塢電影似乎都忽略了要對付躲在水裡的人有一種更方便的方法：丟兩顆手榴彈。相較於空氣，藉著水來傳遞手榴彈爆炸時產生的震波效率更好，震波受到的壓縮更少。

菲爾・史塔奇諾（Phil Stracchino）

來自美國新罕布夏州，哈得孫

　　如果射手用的是超高速彈，那麼我們的英雄恐怕沒有這麼好運了。一般而言，當水被迫以高速移動的時候會產生空蝕現象：像是快速旋轉的螺旋槳在水中推進。根據白努利定律：流體流動的速度越快，承受的壓力就越小。如果液體承受的壓力小於蒸汽壓，那麼液體會蒸發形成水中的泡泡或空腔。

　　正常狀況下，這些氣泡很快就會內爆，但是氣泡包覆住致使氣泡形成的物體時，會形成超空蝕現象，此時物體和氣泡壁完全沒有接觸，所以氣泡更不容易破裂。如此一來，有了氣泡包覆的子彈，行進速度更快、行進距離更遠。要達到這種境界，子彈的彈頭必須是扁平的，這樣高速在水中行進時才能把水排到兩旁。

　　超高速彈是美國海軍快速掃雷系統發展處來的武器，據說可以掃除水下五公尺的地雷。

麥克・發洛斯（Mike Follows）

來自英國西密德蘭，維倫荷

■👌■👌■👌

　　說起吸收能量，水是一種效率極高的介質，海軍已經了解這點長達幾百年了。試驗結果顯示，圓形的子彈或砲彈穿透實心橡木的距離，是在水中行進距離的一點五倍左右。一把十八磅的槍發射長十二點五公分、裝滿火藥、射程為三百六十五公尺的子彈，可穿透橡木達九十公分，但在水裡，行進距離只有六十公分左右。

　　木製戰艦上有一條沿著水線的工作走道，和儲藏倉分隔開來，如此一來木匠可以快速修補船身上的彈孔。比船內工作走

道高的彈孔不會對船造成威脅，而水面下的船身則有大海幫忙保護。

羅德瑞克·史都華（Roderick Stewart）

來自英國蘇格蘭，丹地

Q^{102}｜我到底有多少個祖先？

我有一對父母，兩對祖父母，八對高祖父母……如果我畫出回溯十代的祖譜，紙上需要有容納一千零二十四位先人名字的空間。如果回溯三十代，先人的數量可能超過十億人。如果我回溯四十代（時間大約才一千年），那麼光是我的先人，總數就比地球上曾經出現過的人類總數還多。這是不可能的事情，但每個人確實都有一對父母，我的想法到底哪裡出錯了？

史蒂夫·帕斯佛德（Steve Pulsford）

來自美國肯塔基州

A:

簡單回答這個問題：多數人其實是跟自己的表親或是半表親結婚，而且你和表親有共同祖先。明白了這點後，再想想回推四十代會是什麼情景吧！

雖然提問者的計算完全正確，但是犯了一個錯誤：以為

Do Polar Bears
Get Lonely? 283

族譜上的每一個人名都是獨特的，但事實上有些人名會重複出現好幾次。舉個例子來說，如果你的父母是表親，那麼你只會有六位高祖父母，而不是八位，回溯到第十代的時候，假設其中沒有其他的共祖，那麼你會有七百六十八位祖先，而不是一千零二十四位。雖然大家盡量不跟表親聯姻，但是往回追溯幾代總是會找到共同祖先，而且越往前回溯，就會發現越多共同的祖先。

吉姆‧羅傑斯（Jim Rogers）

來自英國肯特郡

■👍■👍■👍

不如我們從現在開始往未來推想，不要往過去回溯吧！假設有兩對年輕男女困在無人的荒島上，食物來源無虞，又沒有太多事可以消磨時光，於是每對都生了十個孩子，且男孩女孩數量均等，後來這十對孩子彼此婚配，每對又生下了十個孩子。現在島上已經有一百二十四人，有一百個孩子，二十位父母和四位祖父母，而不是提問者計算的兩百位父母和四百位祖父母。

除非每個人彼此之間都沒有關聯，提問者的計算方式才成立。但就像上述這個荒島的例子，我們每個人都有共同祖先，再說，提問者的名字帶有濃濃的英國味，說不定我們倆是遠親呢！

戈登‧布萊克（Gordon Black）

來自英國南拉奈克郡，漢米頓

要解答這個問題得先找本詳細的族譜來瞧瞧。英國的查爾斯王子就是個好例子，可看傑拉德‧佩吉特（Gerald Paget）製作的《查爾斯王子殿下的家系和先人》（*The Lineage and Ancestry of H.R.H. Prince Charles, Prince of Wales*）（Charles Skilton出版，一九七七年）。

他的父母是三等表親，從這兩人往回追溯至第十六代，會發現維多利亞女皇和艾伯特親王是兩人的共祖，所以查爾斯王子有三十位不同的先人，而非三十二位。接著狀況變得更複雜了點，伊莉莎白女王（查爾斯的母親）和菲利普親王也有兩位共同的先人，所以查爾斯王子的先人數量又變少了。

佩吉特想要找出查爾斯王子家族中十七代以來，共二十六萬一百四十二位的成員，他成功找出八萬三千八百位，並發現其餘未找出的成員是一萬一千三百零六位，而非十七萬八千三百四十二位。之所以會有十六萬七千零三十六人的差距，是因為近親聯姻。查爾斯王子的祖先人數，只有原本預期的6％而已，可見回溯的歷史越長，先人數量會減少得更多，只要回溯得夠遠，就會發現你我都在同一棵家族樹下。

約翰史東（J. R. Johnstone）

來自澳洲西部，尼德蘭茲

■♦■♦■♦

大部分人的結婚對象和自己有著相近的地緣關係、宗教信仰和社會背景，所以跟表親結婚是很正常的事。如果你的父母是一等表親，那你的祖譜人數就有四分之一是重複的。再者，

每個世代的長度不盡相同，且長子的長子傳衍速度會比么兒的么兒來得快，所以一個世紀內，長子的家族會有較多世代。另外，如果遇上老夫少妻的狀況，世代混雜的速度就更快了。在別人的家系樹上，你的祖父可能是別人的高祖父。

如果你沿著十二世家系樹上的每一條分支往前追，最後會得到一張複雜的脈絡。先人數量越少的族群，譜系越是錯綜複雜。以前大多數人一輩子都會待在同一個地方，只有一小群人，如軍人、水手和政治人物是四處移動的，幾個世紀下來，他們就會和全國各地的人成為姻親關係。

跟算祖先有多少人相比，去計算一個活在幾百年前的人有多大的機率是你祖先還比較有意義。替族譜學會撰寫文章的時候，我設計了一個電腦模型，能夠概略估算出過去的人口數。

一三四八至一三四九年黑死病肆虐，從那之後英國人口數陷入史上最低，而且持續了好幾百年。根據我的模型顯示，如果你有英國人的血統，很有可能你的祖先就是逃過鼠疫大劫的生還者（假設那時候他們還是小孩）。回溯到一〇六六年，模型顯示當時的英國人凡是有後嗣的都是你我的祖先，而這些人的後嗣（包括全世界閱讀此書英文版的大多數讀者），都是你我的表親。

再說，全歐洲人的譜系都可以回溯到查理曼大帝（西元七四二至八一四年），而且到英國的羅馬軍人又有許多來自中東和非洲地區，照這樣看來，人們祖先分佈的地理範圍又更廣了。

克里斯・雷諾茲（Chris Reynolds）

來自英國赫特福郡，特陵

新樂園
Nutopia

國家圖書館出版品預行編目(CIP)資料

礦泉水為什麼會過期？102+1 個又怪又逗趣的科學問答題 /《新科學家》週刊策畫；陸維濃 譯. -- 初版. -- 新北市：新樂園，遠足文化，2016.09（通俗科學；2）
譯自：Do polar bears get lonely? : and 110 other questions
ISBN 978-986-93463-2-0(平裝)

1. 科學 2. 通俗作品

307.9   105016037

通俗科學 Popular Science 02

礦泉水為什麼會過期？

102+1 個又怪又逗趣的科學問答題

作者	《新科學家》週刊／策畫（New Scientist）
譯者	陸維濃
裝幀・排版設計	朱疋
總編輯	趙世培
社長	郭重興
發行人	曾大福
出版者	新樂園出版／遠足文化事業股份有限公司
	23141 新北市新店區民權路 108-2 號 9 樓
	客服專線 0800-221-029
	傳真 (02)2218-8057
	電郵 service@bookrep.com.tw
	郵撥帳號 19504465
印刷	前進彩藝有限公司
法律顧問	華洋法律事務所 蘇文生律師
初版一刷	2016 年 9 月
初版二刷	2017 年 9 月
定價	300 元